AI全能助手

ChatGPT职场工作效率

提升技巧与案例

苏乐◎编著

北京大学出版社

PEKING UNIVERSITY PRESS

内容提要

　　本书结合作者的职场工作经验和 AI 使用经验，讲解了 AI 工具在不同工作场景中的使用方法和技巧，能帮助读者快速提升工作效率。全书共设置了 13 个知识模块，分别是办公技能、求职面试、职场人际关系处理、文案写作、演讲、团队活动策划、电商运营、团队管理、实体创业、教育培训、金融、亲子教育和文创文旅。每个知识模块都设置了场景模拟与实操案例。真正做到了让读者看得懂，学得会，用得上。全书语言通俗易懂，案例来自实际工作，并有详细的思路点评，能够帮助读者轻松入门并建立系统认知，掌握 AI 运用的底层逻辑，真正拥有自己的 AI 全能助手。

　　本书适合想要提升职场办公技能与工作效率的人士阅读，同样适合作为学校、企业和教育机构的培训教材。

图书在版编目（ＣＩＰ）数据

　　AI 全能助手：ChatGPT 职场工作效率提升技巧与案例 /
苏乐编著 . — 北京：北京大学出版社，2024.5
　　ISBN 978-7-301-35027-0

　　Ⅰ . ① A… Ⅱ . ①苏… Ⅲ . ①人工智能 Ⅳ .
① TP18

　　中国国家版本馆 CIP 数据核字 (2024) 第 095495 号

书　　　名	AI 全能助手：ChatGPT 职场工作效率提升技巧与案例	
	AI QUANNENG ZHUSHOU： ChatGPT ZHICHANG GONGZUO XIAOLü TISHENG JIQIAO YU ANLI	
著作责任者	苏　乐　编著	
责 任 编 辑	王继伟　杨爽	
标 准 书 号	ISBN 978-7-301-35027-0	
出 版 发 行	北京大学出版社	
地　　　址	北京市海淀区成府路 205 号　　100871	
网　　　址	http://www.pup.cn　　　新浪微博 :@ 北京大学出版社	
电 子 邮 箱	编辑部 pup7@pup.cn　总编室 zpup@pup.cn	
电　　　话	邮购部 010-62752015　发行部 010-62750672　编辑部 010-62570390	
印 　刷 　者	北京圣夫亚美印刷有限公司	
经 销 者	新华书店	
	720 毫米 ×1020 毫米　16 开本　17 印张　391 千字	
	2024 年 5 月第 1 版　2024 年 5 月第 1 次印刷	
印　　　数	1-4000 册	
定　　　价	69.00 元	

由衷地感谢您选择这本书！

有些读者可能会好奇，为什么我会从一个自媒体博主与培训老师，变成 AI 领域的创作者，并且这么快写了一本书出来？

事实上，这件事并不是偶然。早在读书期间，我就在一家 IT 公司实习，受工作内容影响，我一直在关注互联网行业的迭代与变化，这些机缘巧合早就在我的生命中埋下了一颗种子。另外，我在一年前就开始尝试用 AI 解决生活与工作中的各种问题，包括借助 AI 解读社会热点与时事趋势，制作讲课 PPT 和思维导图，写朋友圈文案，设计人物采访大纲等。

在大量且多样化场景的实践下，我与 AI 的交流次数超过 1 万次。同时，我也加入了许多 AI 圈子，不断与"牛人"交流探讨，在实战中提升自己的专业能力。更重要的是，我也因此总结出一套职场办公的理念与经验，在线下赋能企业员工和 IP 创始人，帮助他们提升职场工作效率。在 AI 的帮助下，过去不会做设计的朋友，如今一个晚上就能批量产出满意的作品；过去企业部门效率低下，一个月可能才输出 10 多条文案，如今一个晚上就能写出 10~100 条优质文案；过去，普通人也许只能精通一项技能，要实现跨职能学习与工作，花费的时间至少以年为单位，现在短期内就能完成一项跨专业的工作任务，如一个文案写手，现在可以通过 AI 快速学会绘画，做活动策划，懂营销创意，轻松解锁更多技能与知识，成为复合型人才。

作为早一批通过 AI 获得结果的人，我深深感受到科技的魅力，也希望更多人能够享受 AI 带来的便利。

然而，当我把 AI 推荐给身边的朋友时，我发现很多人并没有意识到 AI 真正的用途与效益，根本无法借助 AI 在职场与生活中获得实际帮助；有的朋友不擅长提问，很难通过 AI 获得有深度的回答，从而误认为这个工具非常鸡肋；有的朋友陷入可能被 AI 顶替的焦虑，想要学习却不知道渠道和方法……这些痛点都是真实存在，却又很难找到一位专业的老师帮忙指点与解决的。

所以我决定写下这本书，希望能够为职场人士提供一份全面而实用的指南，帮助他们在 AI 时代中抢占先机，拥有自己的 AI 全能助手，实现个人与职业的突破与成长。

本书特色：

1. 内容通俗易懂，适合新手入门。书中使用了具体的场景和案例，通过连贯且持续的提问交流，帮助读者更深入地理解如何提问。同时，书中还加入了相关的图片与说明，新手不用担心学不会、看不懂、用不上。

2. 多场景落地，把方法讲透。以职场演讲为例，本书从开头、结尾、金句、声音优化技巧、文案迭代等多个角度进行深入讲解，力求帮助读者透彻掌握这项技能。

3. 多种 AI 相关工具与平台的介绍与实操。本书详细介绍了 ChatGPT 和文心一言等多种 AI 辅助工具的使用技巧，并做了演示帮助读者理解。

4. 深入而细致的点评，帮助读者形成一套完整的认知与思考逻辑。本书对 AI 给出的回答做了客观中肯的点评，力求给读者提供独特的认知与思考视角。从提问到 AI 回答再到点评，形成了一套有章可循的思考体系，方便读者学习与思考。

本书适合人群：

此书不仅适合处于新手入门和提升进阶阶段，想要借助 AI 提升职场工作效率与能力的朋友阅读，同时也适合作为企业、机构和学校的培训用书。我衷心希望这本书可以帮助更多人，影响与聚集一群热爱学习、对生活保持乐观的朋友，奔跑在时代的前沿。愿我们能一同抓住 AI 时代的机遇，不断学习和创新，为自己的职业添砖加瓦，为社会的发展贡献力量！

交流与学习：

如果你期待进一步交流与深入学习，欢迎添加我的微信：hsx614369002。我会经常在朋友圈分享与 AI 相关的案例与知识，欢迎你与我一起继续深入学习，也期待你与我分享收获与感受！

最后感谢北京大学出版社编辑老师的悉心指导与宝贵建议！是我们的共同努力让这本书更加贴合用户的需求。这本书是我和读者的双向奔赴，也是我和编辑老师的互相成就。

苏乐

目录

第五章 05 ChatGPT 是演讲实战的助燃剂

第六章 06 ChatGPT 是公司活动的策划师

第七章 07 ChatGPT 是电商行业的献计王

第
八
章 08 **ChatGPT**
是团队管理的智囊团

第
九
章 09 **ChatGPT**
是实体创业的导师

第十章 10 ChatGPT 是教育培训的好老师

第十一章 11　ChatGPT 是金融行业的好管家

第十二章 12　ChatGPT 是亲子教育的好帮手

第十三章 13 文心一言是文创文旅的活地图

13.1　了解文创文旅的概念与趋势 / 258

第一章 01

ChatGPT 是办公应用的魔术笔

AI 技术浪潮席卷全球，引起了不少职场人的焦虑与恐慌，甚至有人担心自己会被 AI 取代。

很多大厂和企业已经开始采用 AI 技术，很多基础性的工作都可以用 AI 高效处理。如果你还没有掌握 AI 的使用方法，那么未来确实容易被取而代之，毕竟 AI 一天可以处理人类一个月才能完成的工作，它不需要老板支付工资，不需要休息，相当于可以不计报酬地为老板 24 小时服务。

本章将介绍如何用 AI 帮助新手掌握职场的常用核心技能，处理职场上的常见工作，提升办公效率。

ChatGPT

1.1 高效制作精美 PPT

PPT 制作是职场中最常运用的技能，一份精美实用的 PPT 需要我们花费不少心思。AI 时代的到来，将帮助我们高效做出精美的 PPT。

现在我们来看一个案例。有一位职场新人需要制作一份 PPT 进行演讲，但是对于经验不足的他来说，制作一份 PPT 不仅需要花费很长时间，做出来的成品也不够精美。有没有什么方法可以帮他快速生成一份比较美观的 PPT 呢？

技术专题——MindShow 的使用方法

MindShow 是一款智能生成 PPT 的在线工具，一开始需要搭载 ChatGPT 生成文本，迭代后已经自带 AI 写作功能，可以直接生成文本，一键制作 PPT，使用者只需要给出具体的指令，无须排版和设计编辑，非常适合想要高效制作 PPT 的新手朋友。

MindShow 支持 PPT 结构化显示，可以手动修改文档或者通过优化 AI 实现自动化调整，还能自由选择个性化的模板，手动调整 PPT 的布局和颜色，帮助使用者快速展示想法和创意。

接下来，我们一起来进行实操吧！

（1）打开 MindShow 官网，注册账号并登录。

（2）进入主页，选择"快速创建"，在输入框里输入需要生成的 PPT 标题，AI 就会自动生成相关内容。

下面我们以经常困扰职场父母的精力管理问题为例，来对 AI 进行提问。

▶ 第一次交流：输入主题 + 格式要求

提问关键词：主题 +Markdown 格式的 PPT 脚本

> 以精力管理为主题，请帮我写一份 Markdown 格式的 PPT 脚本。

精力管理

引言：在这个快节奏的时代，我们常常面临着各种挑战和压力。本次演示将为您介绍精力管理的重要性及一些实用的技巧和策略。

精力管理的意义

精力是我们的核心资源，影响着我们的思维、情绪和行为。有效的精力管理可以帮助我们提高工作效率，保持良好的健康状态，并获得更高质量的生活。精力管理有两大对象：注意力和情绪。

注意力：集中注意力是高效工作的基础。了解如何调控注意力，能够更好地应对繁杂任务和干扰。

情绪：情绪稳定有助于提升工作效率和人际关系。学会有效管理情绪，可以更好地应对挫折和压力。

精力管理的关键要素

睡眠质量：良好的睡眠质量是精力充沛的基础。确保自己每晚都能够获得足够的睡眠，并且保持规律的作息时间。

饮食与运动：健康饮食和适度运动对于提升精力至关重要。合理搭配饮食，增加富含营养的食物，定期进行适量的运动，可以提高身体的能量水平。

时间管理：高效的时间管理能够帮助我们更好地分配精力和资源。合理规划日程，划分重要和紧急的任务，并设定适当的目标和截止日期。

心理调节与放松

心理调节技巧：学会通过冥想、深呼吸等来放松心情，减轻精神压力。同时，培养积极的心态和思维习惯，以更好地适应工作和生活中的变化和挑战。

休息与娱乐：适当地休息和娱乐可以帮助我们恢复精力，提高工作效率。找到适合自己的放松方式，如阅读、旅行、与朋友聚会等，让自己有时间放松和享受生活。

总结

精力管理是提升工作和生活质量的关键。通过提升睡眠质量、养成良好的饮食与运动习惯、做好时间管理、注意心理调节与放松等方法，我们可以更好地管理自己的精力，更快乐、更高效地生活和工作。

希望本次演示对您有所启发，谢谢！

AI 给出的文本还算细致，但是有套模板的生硬感，不够生动。如果你想要继续优化，可以在文本框里手动编辑。

当然，也可以继续让 AI 优化内容。单击 AI 修改内容的按钮，然后在文本框中输入具体的修改指令。

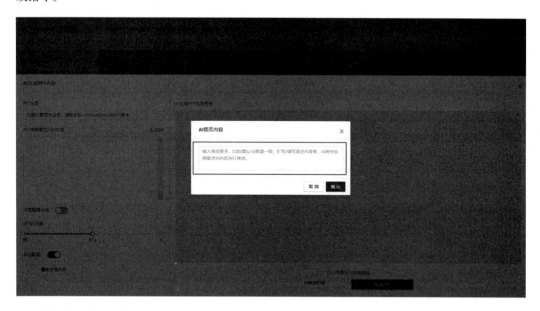

接下来我们继续提问。

▶ 第二次交流：进一步优化，指出内容要面向新手父母

提问关键词：身份限定 + 场景要求 + 受众信息 + 格式要求

 之前给的精力管理内容过于模板化，希望你是一位 PPT 高手，请你帮我迭代内容，要求适合在课堂展示，面向职场新手父母，以 Markdown 的 PPT 脚本格式输出。

 亲爱的职场新手父母，欢迎参加今天的课程！

今天我们将学习如何有效地管理我们的精力，以提升工作效率和生活质量。让我们开始吧！

什么是精力管理？

精力管理是指有效地管理和利用个人的精力资源，以实现更高效的工作和生活。它包括管理时间、注意力和体力等方面，能够帮助我们更好地面对压力，提升工作效率，提高生活质量。

为什么需要精力管理？

精力是我们最宝贵的资源之一。在职场和家庭生活中，我们经常面临各种压力和挑战，它们消耗着我们的精力。通过有效的精力管理，我们可以更充分地发挥潜力，提高工作效率，同时保持健康的身心状态。

精力管理对父母的重要性

亲爱的父母，你们的责任重大！在照顾家庭的同时，也需要保持充沛的精力来满足工作和自我提升的需求。下面是一些精力管理的技巧，可以帮助你们更好地照顾家庭并充满活力地面对生活。

精力管理技巧

时间管理

制定优先级清单：将任务按重要性和紧急性排序，合理规划时间。

划分工作时间和休息时间：避免长时间连续工作，合理安排休息时间，有助于提高工作效率。

避免多任务处理：专注于一项任务，避免同时进行多项任务，能够更快地完成工作。

注意力管理

消除干扰：关闭手机通知和社交媒体，避免被外界干扰，集中注意力完成任务。

集中注意力时间段：找到自己注意力高度集中的时段，将重要任务安排在此期间完成。

分解任务：将大任务分解为小的可操作的子任务，有利于快速完成任务。

体力管理

充足睡眠：每天保证充足的睡眠时间，有助于恢复精力和提高工作效率。

锻炼身体：适量运动可以增强体力和耐力，保持健康的身体状况。

均衡饮食：合理饮食，摄入营养丰富的食物，保持身体健康。

结束语

精力管理是实现高效工作和幸福生活的关键。通过合理安排时间、提升注意力和保持健康的身体状态，我们能够更好地应对各种挑战，充满活力地满足职场和家庭的各种需求。

谢谢大家参加今天的课程！祝愿我们都能成为精力充沛的职场人和父母！让我们努力管理好我们的精力，创造美好的工作和生活！

通过增加受众的身份信息，AI给的内容更个性化，主动站在职场父母的角度交付文案，有一种专门为职场父母量身定做的感觉。

我们还可以通过设置进行个性化调整，比如精简PPT内容和调整页数，提升内容与需求的匹配度。确认内容没问题了，我们便可进行下一步的操作，单击"生成PPT"按钮生成PPT。

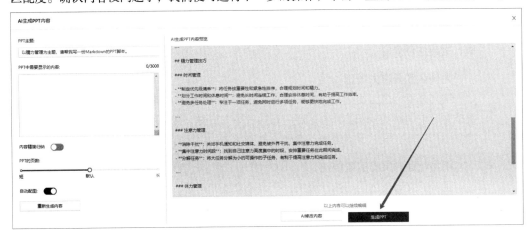

网站生成的PPT页面如下。

内容和图片已经自动排版好了，我们只需对 PPT 的名称和讲师名字进行优化。当然也可以对文本进行进一步的编辑，一切还需要结合自身的需求。

我们重新编辑主副标题，调整演讲者名字，日期时间保持不变，随后上传 Logo 图片，把它放在左下角的位置，并重新选择模板，挑选一个暖色调的图片，图片的内容是一家三口大手包着小手，毕竟很多父母学习精力管理就是为了有更多时间陪伴孩子，实现职场和家庭的相对平衡，这种风格可以更好地贴近用户的需求。

单击右上角的演示按钮，把 PPT 的内容和样式再检查一遍，确认无误便可以导出了。

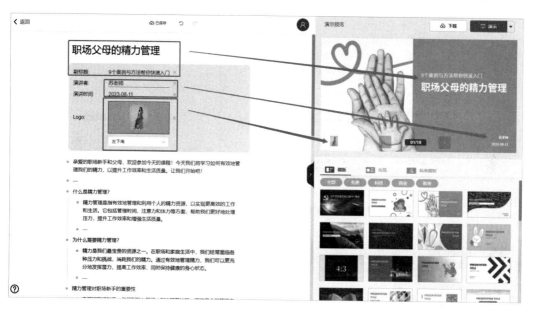

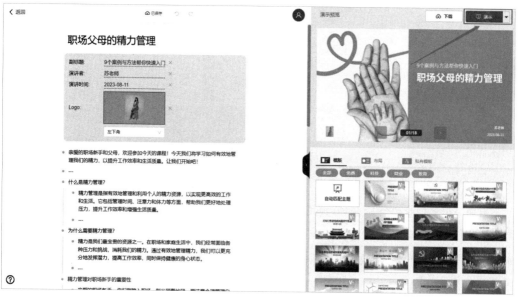

单击右上角的下载按钮，选择任意一个格式，便可以快速导出。

假设选择 PPTX 格式进行导出，得到的 18 张 PPT 效果如下。不管是用在线上课堂还是现场演示，都十分方便高效。

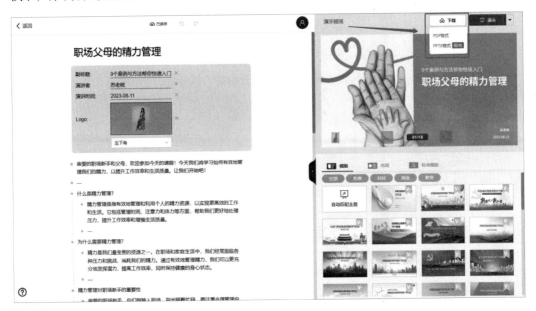

目前，很多企业和个人已经在使用 AI 生成 PPT。也许它并不尽善尽美，但是足以满足基本的职场需求。

如果你有更高的要求，也可以解锁会员功能，选择更有艺术感的字体、更美观的模板和布局，使得 PPT 更加完美。

1.2 快速分析、提炼、呈现文档内容

ChatGPT 自上线以来，引起了社会的广泛关注，很多朋友已经开始使用 AI 协助自己的工作，然而如果你只是用它写写文章聊聊天，可就小瞧了 AI。在许多工作场景中，职场人可以用它来解决一些常见的实际问题。

我们来看一个具体的案例。小新是一个媒体工作者，最近她要去采访一位获奖画家。这位画家是一个多面手，除了画画，电商也做得不错，于是小新梳理出 2 份采访大纲，现在希望 ChatGPT 能帮她对这两个大纲进行优化。

▶ 第一次交流：让 ChatGPT 理解你的命令

提示关键词：赋予 ChatGPT 专家身份 + 给出目标

您好，您现在是一位专业的资料整理员，现在我需要您帮我把两份采访大纲进行合并处理。我现在先把两份资料发给您，请您进行记忆和理解，然后帮我进行综合整理，请问您了解我的意思了吗？

当然。我可以帮您记住两份文档。请在接下来的对话中提供具体内容，我将会为您记录下来。

▶ 第二次交流：按要求提交文档一

文档一

1. 作为一个 1992 年出生的年轻人，您是如何进入电商行业的？是什么激励您选择这条职业道路？

2. 曾经是一名美术生的您，是如何将艺术背景与电商行业相结合的？艺术教育对您的事业发展有哪些帮助？

3. 请分享一下您在电商行业的工作内容。

4. 您曾获得过石头画奖项，这对您的创业和职业发展有怎样的影响？是否能分享一下您的石头画作品背后的故事？

5. 在开鞋厂和传媒公司之前，您是如何决定尝试不同行业的？这些行业的经历让您得到了什么收获和教训？

6. 创业过程中会面临各种挑战和困难，您在开鞋厂和传媒公司时遇到了哪些具有挑战性的问题？又是如何应对的？

7. 在创业过程中，您认为最令您自豪或最具成就感的是什么？能否与我们分享一些成功的经历或案例？

8. 您觉得在电商行业取得成功的关键因素是什么？可以和刚入行的年轻人分享一些建议吗？

9. 您有没有对自己职业发展产生困惑的时刻？是什么驱使您继续努力并保持对工作的热情？

10. 除了工作，您还有什么个人兴趣爱好？您觉得应该如何平衡工作和个人生活？

请对这段文档进行提炼和记忆，后续再帮我把两份文档进行梳理和整合。

 文档一中的问题涉及如何进入电商行业、艺术背景与电商的结合、创业经历和困难、成功经历和案例、成功因素和对年轻人的建议、职业发展困惑、个人兴趣爱好及工作和生活的平衡等方面。我已经将这些关键信息记住，将为您进行整理和回答。

ChatGPT 对以上的内容进行了关键字提炼，把 10 个问题做了简化处理，这样可以方便记忆和分析。

▶ 第三次交流：按要求提交文档二

 文档二

1. 可以介绍一下您自己和现在从事的职业吗？

2. 是什么契机让您从画家改行做电商的？

3. 我知道您画画是拿过奖的，当初为什么会想到去画石头画？有什么培养创意的技巧？

4. 您很喜欢研究新事物，您是如何做到技能多而不乱，让每一项都发挥出价值的？

5. 在创业过程中，您认为什么能力是比较通用的？

6. 您每天都会接触很多不同圈层的人，您是怎么拓展圈子的？

7. 您认为您 30 岁前和 30 岁后最大的改变是什么？

8. 请问您对未来有什么期待？可以描述一下您心中的理想人生吗？

9. 请问您对我的印象是什么？第一面和相处久了有什么区别？

请帮我记录和分析这段文档，接下来需要你结合两份文档进行处理。

 文档二中的问题主要涉及自我介绍和从事的职业、从画家到电商的转变契机、石头画选择和创意培养、平衡学习和研究新事物的能力、通用能力、拓展社交圈和改变、画家的理想人生以及对提问者的印象和相处差异等方面。我已经理解并记住了这些关键信息，将为您提供详细的回答。

下一步，我们让 ChatGPT 对两份文档进行分析评估，找出相同点与不同点，给出优化建议，并最终以表格的方式呈现。

▶ 第四次交流：形成建议结果并用表格呈现

提示关键词：分析和评估价值 + 相同与不同点 + 优化建议 + 表格形式输出

请帮我分析和评估这两份文档的价值，指出相同和不同之处，给出优化建议，并以表格的形式输出。

文档 1	文档 2	分析和评估
电商行业的进入	从画家转行做电商的契机	**相同**：提问者对于对方在电商行业的经历和行业转变原因感兴趣 **不同**：文档一更侧重于整个职业道路的转变和创业经历；文档二更侧重于对方在电商行业的工作经历 **优化建议**：文档一可以提供更多关于电商行业的具体经验和成就；文档二可以提供更多关于画家和创业经历的细节

文档1	文档2	分析和评估
画家背景与电商行业的结合	石头画背后的故事	**相同**：提问者对于画家背景与电商行业结合的思路和石头画作品背后的故事感兴趣
		不同：文档一更侧重于艺术教育对事业发展的帮助；文档二更侧重于为什么选择石头画和培养创意的方式
		优化建议：文档一可以提供更多将艺术背景应用于电商行业的具体实践经验；文档二可以提供更多创作石头画的背景和灵感来源
在不同行业的尝试和经验收获	创业过程中遇到的挑战和问题	**相同**：提问者对于被采访者在不同行业的尝试和创业过程中的挑战感兴趣
		不同：文档一更侧重于了解决被采访者定尝试不同行业的动力和历程；文档二更侧重于被采访者创业时面临的具体挑战和克服方式
		优化建议：文档一可以提供每个行业尝试的具体原因和动机；文档二可以提供更多创业过程中的成功经验和失败教训

从 ChatGPT 的回答我们可以快速判断出两份文档的大致不同，但是最有价值的部分，是它给出的优化建议。

不管是从行业的角度，还是艺术的角度，ChatGPT 都进行了一个纵向的延伸，帮助我们进行思路发散，抓住一个点像剥洋葱一样层层剥开，捕捉更多具体的细节，促使我们提出更有深度的问题，以便获取更有价值的信息，最终写出更优质的稿件。

1.3 转换、分析与处理文本中的数据

在这个数据化的时代，一组简单的数字背后，可能隐藏着巨大的商业价值。借助 AI 我们可以优化工作流程，挖掘信息背后的价值，更好地进行工作布局。

假设现在有一位办公室文员，他每天要处理大量的数据，经常忙得头晕眼花，效率提升不上来。

我们让 AI 来帮帮他，一起来看一看效果吧！

▶ 第一次交流：把文字信息转换成易读的表格

提示关键词：提供数据 + 整理 + 用表格的方式输出

我们提供数据给 ChatGPT，让它掌握具体的信息，方便帮我们进行分析与处理。然后请它根据资料进行深度整理，并用表格的方式输出。

"2022 年，我国国民人均每天手机接触时长为 105.23 分钟，较 2021 年的 101.12 分钟增加了 4.11 分钟；人均每天互联网接触时长为 66.58 分钟，较 2021 年的 68.42 分钟减少了 1.84 分钟；人均每天电子阅读器阅读时长为 10.65 分钟，较 2021 年的 11.78 分钟减少了 1.13 分钟；人均每天 Pad（平板电脑）接触时长为 8.79 分钟，较 2021 年的 9.82 分钟减少了 1.03 分钟。"

你好，这是一份来自网上的数据报告，请你帮我进行整理，以表格的方式输出。

您好，以下是根据您提供的数据整理而成的精确的数据资料表格。

年份（年）	手机接触时长（分钟）	互联网接触时长（分钟）	电子阅读器阅读时长（分钟）	Pad 接触时长（分钟）
2021	101.12	68.42	11.78	9.82
2022	105.23	66.58	10.65	8.79
增加量	+4.11	−1.84	−1.13	−1.03

希望以上数据对您有帮助，如果您还有其他问题，欢迎继续提问。

通过 ChatGPT 的整理，这份数据报告变得更加简洁和有条理。

▶ 第二次交流：解读趋势形成报告，总结网民接触媒体时长趋势

提示关键词：赋予专家身份 + 围绕数据深挖 + 整理报告 + 总结三点内容

接下来，我们可以赋予 ChatGPT 专家的身份，让它围绕数据进行深挖，形成一份趋势报告，并对主要内容进行总结归纳。

现在假设你是数据分析专家，请你根据这份数据报告深入挖掘信息，整理出一份网民接触媒体时长趋势分析报告给我，要求总结出三点内容。

根据您提供的数据报告，以下是网民接触媒体时长的趋势报告。

1. 手机接触时长增加：从 2021 年到 2022 年，国民的人均手机接触时长从 101.12 分钟增加到 105.23 分钟，增加了 4.11 分钟，这表明人们对手机的使用频率和接触时间有所增加，这可能是受到智能手机的普及、移动应用的丰富以及手机媒体内容的吸引力增加等影响。这一趋势显示了人们对手机的依赖进一步提升。

　　2. 互联网接触时长减少：与手机接触时长相比，国民的人均互联网接触时长在 2022 年出现了下降，从 68.42 分钟减少到 66.58 分钟，减少了 1.84 分钟。这可能是因为人们在接触媒体时更多地转向了手机应用程序，而不是传统的互联网浏览器。

　　3. 电子阅读器和 Pad 接触时长减少：2022 年，国民的人均电子阅读器和 Pad 接触时长均出现了下降。电子阅读器的阅读时长从 11.78 分钟减少到 10.65 分钟，减少了 1.13 分钟；Pad 接触时长从 9.82 分钟减少到 8.79 分钟，减少了 1.03 分钟。这可能是由于其他移动设备涌现，使人们更倾向于使用多功能设备而不是专用的电子阅读器或 Pad。

　　总体来说，国民人均手机接触时长呈增长趋势，互联网接触时长、电子阅读器和 Pad 接触时长呈下降趋势。这反映了人们在媒体接触上对手机的依赖程度不断增加，同时也显示了移动设备的发展对传统互联网和专用设备有较大影响。

　　假如我是一个推广媒体设备的人，那么 ChatGPT 的分析有很大的价值，方便我了解市场趋势，有的放矢地推出更受欢迎的产品，并调整销售策略。

▶ 第三次交流：形成具体的指导和建议

提示关键词：结合现象 + 给建议 + 具体落地

　　那么这个趋势报告可以给予我们什么样的思考和行动指导呢？我们可以对 ChatGPT 进行更进一步的提问，让它为我们总结一些方法与经验，使我们的行动更有方向性。

　　那么，请结合这种现象，给予我一些建议，要求具体且具有可操作性。

　　结合这种现象，我可以给出以下建议。

　　1. 意识到时间管理的重要性：随着人均手机接触时长的增加，我们需要更好地管理自己的时间，确保我们花费足够的时间去完成重要的任务，而不是被过度使用手机所消耗，避免无意义的时间浪费。例如，通过设置手机应用程序的使用时间限制或使用专门的时间管理工具来控制手机使用时间。

　　2. 尝试多样化的媒体接触方式：除了手机应用程序和互联网浏览器，我们还可以关注其他形式的媒体，如图书、报纸、杂志等传统媒体，以及参与实际的社交活动或户外运动等。保持多样化的媒体接触方式有助于我们扩展知识和经验，减少对手机的过度依赖。

3. 形成健康的数字生活习惯：虽然手机在我们的生活中不可或缺，但我们需要培养健康的数字生活习惯。这包括限制看屏幕的时间，注意使用手机的场合和环境（如避免在床上使用手机），避免沉迷于社交媒体等。我们也可以尝试进行数字断离，即定期断开与数字设备的联系，专注于现实生活。

总的来说，这种现象提醒我们要关注自己对手机和互联网的依赖程度，并采取必要的措施来管理时间，尝试多样化媒体接触方式，形成健康的数字生活习惯。这将有助于我们提高生产力，保持身心健康，更好地在现实世界和他人相处。

通过 ChatGPT 的建议，一份不起眼的数据报告，就有了更多的作用，对外可以赋能我们的职场发展，对内可以提醒我们审视自身的行为，这才是我们做好数据工作的真正价值。

最后，我们可以让 ChatGPT 帮助我们做一次数据汇总，并以表格的形式呈现。

▶ 第四次交流：整理出完整的报告

提问关键词：表格形式 + 结合主题 + 整理报告

 好的，以表格形式，结合数据调查、变化趋势和给人类的建议，整理出一份报告给我。

根据您提供的数据，我整理成了以下报告，以表格形式进行输出。

类型	2021 年	2022 年	增加 / 减少幅度
手机接触时长（分钟）	101.12	105.23	+4.11
互联网接触时长（分钟）	68.42	66.58	−1.84
电子阅读器阅读时长（分钟）	11.78	10.65	−1.13
Pad 接触时长（分钟）	9.82	8.79	−1.03

根据以上数据，我们可以得出以下结论和建议。

1. 手机接触时长增加：从 2021 年到 2022 年，国民每天使用手机的时间增加了 4.11 分钟，达到 105.23 分钟。这表明人们对手机的依赖程度在增加。建议在日常生活中注意控制手机使用时间，避免影响社交和工作生活的平衡。

2. 互联网接触时长减少：互联网接触时长从 2021 年的 68.42 分钟减少至 2022 年的 66.58 分钟，减少了 1.84 分钟。这可能反映了人们更加有意识地控制自己的上网时间，或者是受到其他新兴媒体形式的影响。建议在使用互联网时注意分辨信息的真实性和有效性，避免沉迷于虚假信息或不必要的上网活动。

3.电子阅读器阅读时长减少：电子阅读器阅读时长从 2021 年的 11.78 分钟减少至 2022 年的 10.65 分钟，减少了 1.13 分钟。这可能表示人们用手机或其他平台进行阅读的时间在增加，对传统电子阅读器的需求在减少。建议在选择阅读方式时，根据个人喜好和习惯选择最适合自己的方式，并注意保护视力。

4.Pad 接触时长减少：Pad 接触时长从 2021 年的 9.82 分钟减少至 2022 年的 8.79 分钟，减少了 1.03 分钟。这说明人们对平板电脑的使用时间有所下降，可能是由于手机功能增强、轻便性和便携性更高。建议在挑选电子设备时，根据需求和场景选择最适合的设备，合理分配使用时间，避免过度沉迷于特定类型的设备。

综上所述，随着科技的不断发展，人们对手机的依赖程度在增加，对互联网、电子阅读器和 Pad 的使用时间则有所下降。我们应注意保持科技与现实生活的平衡，合理分配时间，根据需求和场景选择适当的媒体和设备。

ChatGPT 凭借其有理有据的建议和在数据解读上的极致表现，把一组冷冰冰的数据变得和我们的日常生活紧密相连，充分展示了 ChatGPT 的智能与人性化。

对于那些已经掌握了 AI 提问技巧的人来说，AI 就像一艘快船，可以让他们更快地抵达目的地。通过率先掌握这一技能，他们将脱颖而出，超越众多同行。

从这个层面来说，AI 不再是遥不可及的未来科技，而是我们用得上、学得会的一个重要工具。我们应当在日常工作中经常去使用它，学会驾驭它，以提升效率。

如果你发现本书的内容对你有所帮助，请将这些方法或者本书推荐给你身边的人，共同学习交流，以便更好地实现跃迁式成长。

1.4 5 分钟帮你搞定思维导图

思维导图对于职场人的作用毋庸置疑：在你思维混乱的时候，思维导图能让你豁然开朗；在你站在演讲台上的时候，精彩的思维导图可以帮你赢得满堂喝彩；在你打造个人品牌的路上，思维导图可以帮你传递理念与价值观，吸引潜在的粉丝……思维导图可以让你的才华更加视觉化，有助于放大你个人的影响力，让你实现办公效率和职场人气的提升。

本节我们就来学习如何借助 AI 工具快速制作思维导图，让你成为办公室的"领头羊"。这里介绍两个方法，大家可以自行选择。

◆ 方法一：用 ChatGPT+Markmap+ 后缀 md 文本 +Xmind 制作思维导图

前面小节中已使用过 ChatGPT，但是你真的了解它吗？为什么它能在短时间内走红网络？

ChatGPT 是 OpenAI 研发的聊天机器人程序，于 2022 年 11 月 30 日发布，截至 2023 年 1 月末，ChatGPT 的月活用户已突破 1 亿人，成为史上增长最快的应用。

ChatGPT 的出现，俨然是时代的科技革命，第一批吃螃蟹的人，不仅通过 AI 提升了工作效率，还因此赚到第一桶金。但是对绝大多数人而言，这也是一个前所未有的挑战。

这意味着，很多人将会失去工作，以前一个人一个月才能做完的事情，ChatGPT 也许一个下午就完成了，而且效果可以和人类的工作质量相媲美。甚至有了 ChatGPT，一个人就能身兼文案、运营、设计师、摄影师数职。

ChatGPT 的四个特点如下。

高效性：无论你提出什么样的问题，ChatGPT 都可以在几秒钟内快速给出答案，包括文案撰写、图片设计创意、艺术指导、商业策划、文本转换表格、PPT 自动化排版等。例如，你问 ChatGPT，如何写小红书风格的视频文案，字数为 200 字，几秒钟内它就能给出完整示例。

进化性：ChatGPT 有强大的记忆和学习能力，通过与人类的交互性沟通，ChatGPT 的信息库也在不断更新。通过个性化训练，它可以变成使用者的全能助手，不仅写出来的文章会更加贴近使用者的风格，而且能抓取庞大的数据库，进行信息和资料的智能匹配，汇总优质内容并重新进行排列组合，从而给出优质的回答。

交互性：ChatGPT 并不是一个只会生搬硬套的机器人，实际上它在不断模仿人类的情感认知，能够理解人类的意图与情感，使用逻辑连贯的语言，与人类进行持续交流。这也是搜索引擎不能比拟的地方。例如，你问它某首歌表达了作者什么感情，它马上就能进行解读。

道德性：对于一些敏感、违反道德的问题，ChatGPT 可能会自动屏蔽你的提问，例如，你问它如何成为一个骗子，ChatGPT 可能会劝你回头，或者直接屏蔽你的问题。

下图是 ChatGPT 的页面，最左边罗列了对话、创作、模拟和绘画四大功能。

对话功能提供了各种提示模板，如可以让 ChatGPT 写一首赞美老师的诗歌，可以向它提出一个问题，也可以让它介绍某个知识点。

创作功能可以自动生成各种内容，如写一篇文章，创作短视频脚本，提供文章的大纲等。

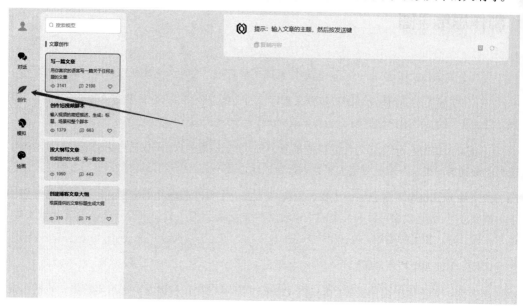

模拟功能指的是让 ChatGPT 扮演各种各样的角色。例如，你想求职面试，可以让 ChatGPT 扮演面试官陪你演练；你需要心灵疏导，可以让 ChatGPT 扮演心理导师，帮你疏解一下情绪；你想做学术研究，可以让 ChatGPT 扮演李白、苏格拉底和孔子等与你交流。

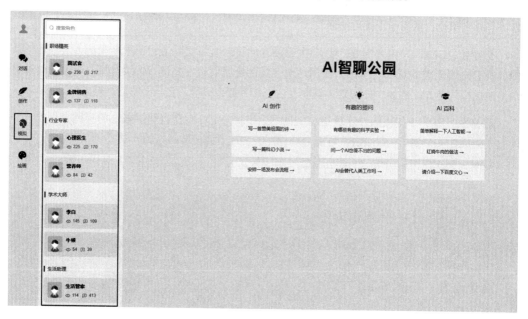

绘画功能可以自动化设计各种图像和绘画作品。只需要在下方输入框中输入画面描述，ChatGPT 就会生成 Logo、产品图像、模特人像、节日礼品图片等内容。

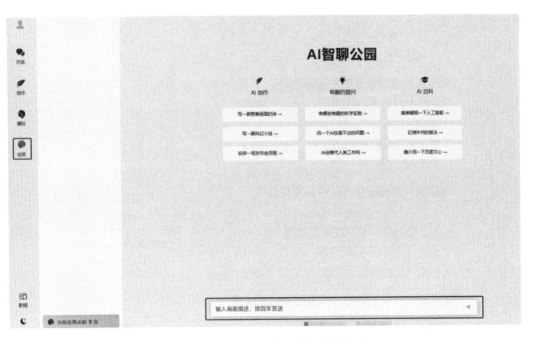

看完以上介绍，你是不是会好奇：ChatGPT 真的有这么神奇吗？

接下来，让我们一起开启 AI 的新奇之旅，共同揭开 ChatGPT 的神秘面纱吧。

假设你是一位职场新人，眼下需要你制作一个课程思维导图，但是对于课程的内容你毫无头绪，这时候你就可以用 ChatGPT 把课程内容快速梳理出来。

▶ 第一次交流：设计思维导图内容，主题是自由职业干货课程

提示关键词：主题 + 思维导图 +Markdown 格式输出 + 目标人群

> 帮我设计一个自由职业干货课程的思维导图，用 Markdown 格式输出。要求适合新手入门。

自由职业干货课程思维导图

第一章：自由职业概述

1.1 什么是自由职业

1.2 自由职业的优缺点

1.3 自由职业的市场前景和趋势分析

第二章：自由职业的准备工作

2.1 自我评估和定位

2.2 职业规划与目标设定

2.3 预算与财务管理

2.4 必备的技能和知识培养

第三章：自由职业的法律和法规

3.1 自由职业者的注册与合规

3.2 税务管理

3.3 合同与法律风险防范

3.4 知识产权保护

第四章：自由职业的客户开发与合作

4.1 客户开发的渠道与方法

4.2 建立与维护客户关系的技巧

4.3 项目合作与洽谈技巧

4.4 客户反馈与投诉处理

第五章：自由职业的时间管理与自我管理

5.1 时间管理原则与技巧

5.2 自我管理与工作效率提升

5.3 压力管理与心理调节

第六章：自由职业的个人品牌打造与推广

6.1 个人品牌打造与传播策略

6.2 社交媒体与网络推广

6.3 内容营销与个人形象管理

6.4 口碑营销与客户口碑管理

第七章：自由职业的职业发展

7.1 持续学习与专业技能提升

7.2 行业洞察与趋势研究

7.3 自我营销与个人成长计划

7.4 职业生涯规划与未来发展方向

以上是一个 ChatGPT 生成的简单的自由职业干货课程的思维导图大纲，具体内容可以根据需要进行扩充和细化。注意，Markdown 只支持基本文字和排版格式，并不适用于复杂的思维导图呈现，请使用其他软件或工具进行详细的思维导图制作。

ChatGPT 生成的大纲比较基础，基本囊括了新手痛点。接着，我们需要用到一个网站——Markmap。

技术专题——用 Markmap 生成思维导图

Markmap 无须登录，是一款可以直接通过 Markdown 语法自动化生成思维导图的神奇工具，支持文本修改，可调整排版内容和样式，兼具自动化和灵活度，是职场人必备的工作助手。

Markmap 具备很多优点，它的样式非常丰富，支持使用者选择自己喜欢的排版风格，比如增加图片的底色，选择多样化的排版格式等，可以满足用户的个性化需求。接下来我们来了解具体的操作方法。

（1）在浏览器中打开 Markmap 官网，直接进入主页，我们会看到一个英文页面，虽然我们只需用到其中几个按钮，但还是做一下简单的介绍，方便大家更好地认识这个网站。先来认识页面左上角的这组按钮。

<u>Open URL</u>　<u>Use solid color</u>　<u>Wrap long text</u>　<u>Embed assets</u> [?]　| <u>Limit expand level</u>　<u>Learn more</u>

Open URL：打开网页。
Use solid color：使用纯色。
Wrap long text：长文本换行。
Embed assets：嵌入资源。
Limit expand level：限制扩展级别。
Learn more：了解更多信息。

了解这些已经足够我们进行操作，其他过于复杂的功能就不做展开了，继续我们的操作步骤。

（2）单击左上角的【try it out】按钮进入编辑页面。

（3）把 ChatGPT 生成的内容复制粘贴到左侧内容文本框，右侧会自动生成思维导图。

（4）导出 HTML 网页或 SVG 图片格式文件，用于课程或会议展示，不过这两种方式比较适合熟悉代码的朋友，后续我们会介绍一种大多数人能看得懂、学得会、用得上的文件导出方式。

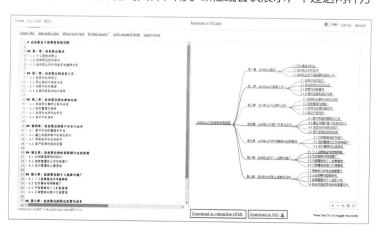

（5）如果你认为 AI 生成的内容还需要调整，可以直接在内容文本框里进行编辑，使得文本内容与需求更加吻合。

例如，把 AI 生成的第三章内容修改如下。

自由职业的财富管理

3.1 打破收钱卡点

3.2 建立正确的财富观

3.3 财商管理的 2/8 原则

3.4 财富管理的饼图设计

右侧生成的思维导图也会随之修改。

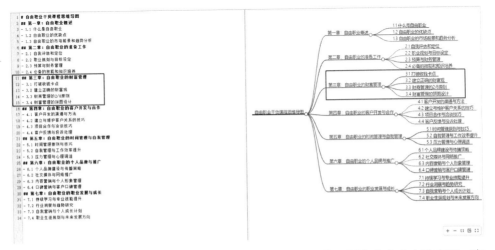

也就是说，当你对左边的文本进行修改后，右边的思维导图内容也会自动变更，真正做到了自动化和一体化，为用户节省时间与精力。

技术专题——用 Xmind 导出思维导图

前文提到导出思维导图文件涉及代码，对于很多朋友来说门槛较高，所以这里介绍一种新手也能掌握的方式。

XMind 作为一款国产制图工具，更加符合国内用户的使用习惯，在全球范围内广泛应用。

XMind 采用 Java 语言开发，可跨平台运行，支持插件和多平台协作，因功能和场景丰富而广受用户喜爱。除了思维导图，它还可以制作鱼骨图、流程图、逻辑图等，是一个多功能、高效率的知识视觉化工具，致力于帮助用户提升工作效率。与其他软件相比，XMind 可以多方位满足不同用户的需求。

使用 XMind 导出思维导图的方法如下。

（1）在计算机桌面创建一个记事本，把记事本的名字改为思维导图 .txt，即文本文件。

（2）用重命名方式，把后缀 txt 改成 md。

思维导图.txt

思维导图.md

（3）把 Markdown 内容文本框中的文字复制到新建的 md 文件里，保存一下。

（4）在浏览器中打开 Xmind 官网，注册并登录。

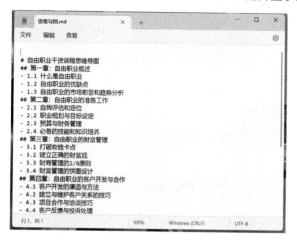

（5）进入 Xmind 主页，单击左上角三条横线，选择"文件"，单击"导入"，继续选择"Markdown"。

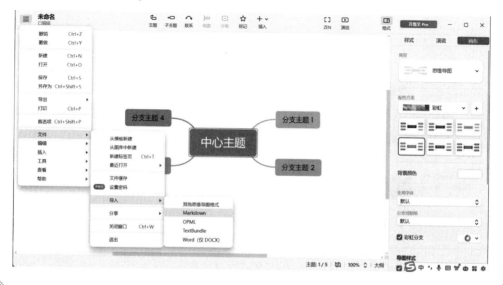

（6）选择已经创建的"思维导图.md"文件，单击右下角的"打开"按钮即可生成对应的思维导图。

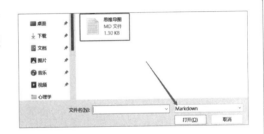

（7）确认内容没问题后，选择合适的样式，再次单击左上角三条横线，单击"导出"，选择 PNG 格式。

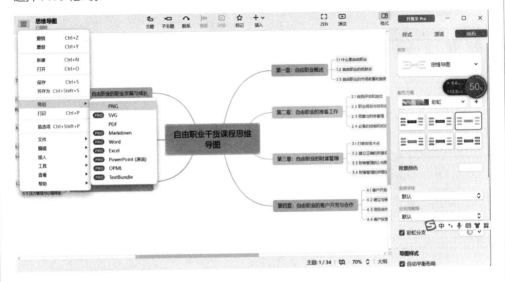

（8）最终效果图如下。

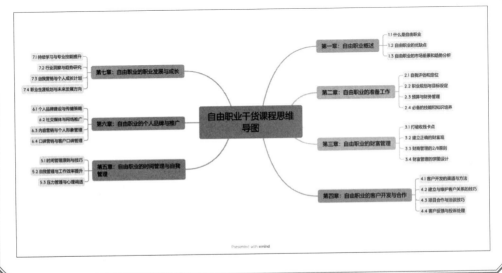

▶ 第二次交流：结合主题延伸内容

提问关键词：结合主题 + 生成思维导图 + 用 Markdown 格式输出

如果想对上面的思维导图中某个主题展开深入讲解，可以单独生成新的思维导图，操作如下。

 好的，那么结合"2.4 必备的技能和知识培养"，帮我继续生成思维导图，用 Markdown 格式输出。

当涉及必备的技能和知识培养时，以下内容可以帮助你更好地提升自己。

技能培养

·沟通技巧
写作和口头表达能力
听取他人意见并进行有效回应
跟团队成员和合作伙伴进行良好的协调

·时间管理
设定优先级和目标
制订工作计划和时间表
学会处理紧急情况

·学习能力
主动积累新知识
善于利用各种学习资源
不断反思和改进自己的学习方法

·解决问题能力
培养逻辑思考和分析能力
制定解决方案并实施
处理复杂情况和不确定性

知识培养

·领域知识
深入了解所在行业或领域的基本情况和发展动态
掌握相关领域的专业知识和技术

·综合知识
掌握基本的财务知识
了解管理理论和组织原理
掌握市场营销和销售技巧

·技术知识
掌握计算机和网络基础知识
熟悉常用办公软件和工具

学会数据分析和处理

· 跨领域知识
学习与自己领域相关的其他学科知识
拓宽视野，培养多元化的思维模式

以上是必备的技能和知识培养的思维导图内容。请注意，这只是一个简单的示例，你可以根据自己的需求和实际情况扩展和调整思维导图的内容。

ChatGPT 生成的内容大而全，但是缺乏具体的细节和案例，我们可以继续让它延伸出更有深度的内容，让课程能够真正帮助学员掌握必备的技能与知识。

▶ 第三次交流：增加细节和案例

提问关键词：现有内容存在的问题 + 增加细节和案例 + 目标

 感谢你的回复，但是内容过于大而全，能否增加一些细节和案例，把每个部分说清楚，让上课的学员真正学有所获，看完就能用得上。

当涉及自由职业者的知识与技能培养时，以下思维导图内容可以更详细地帮助学员理解和应用相关信息。

技能培养

· 沟通技巧
写作和口头表达能力：学习如何撰写专业的邮件、报告和稿件，并提高口头表达能力，以便与客户、合作伙伴和团队成员高效沟通。
听取他人意见并进行有效回应：学会倾听他人观点，善于提问和回应，增强彼此之间的信任。
跟团队成员和合作伙伴进行良好的协调：培养协作精神，学习有效的团队沟通方法和冲突管理技巧，以便顺利完成项目。

· 时间管理
设定优先级和目标：学习如何制定明确的目标和任务优先级，有效规划时间和资源，以提高工作效率和质量。
制订工作计划：掌握制定日程安排、时间表的方法，学会根据实际情况调整和优化计划，以保证按时交付任务。
学会处理紧急情况：学习如何应对紧急事件和突发情况，灵活调整工作计划，保持高效率和良好的应变能力。

・学习能力

主动积累新知识：培养主动学习的习惯，善用互联网资源、书籍、培训课程等不断更新和积累相关领域的专业知识。

善于利用各种资源：了解如何利用在线学习平台、社交媒体、行业论坛等资源获取信息、参与讨论、扩展人脉等，提升自己的学习效果。

不断反思和改进自己的学习方法：进行自我评估和反思，发现自己的学习方法中存在的问题，并进行相应的调整和改进，提高持续学习能力。

・解决问题能力

培养逻辑思考和分析能力：学习如何通过逻辑思考和分析，找出问题的本质和关键点。

拟定解决方案并实施：培养解决问题的能力，学会拟定详细的解决方案和行动计划，合理分配资源并积极执行，解决工作中的难题和挑战。

学习处理复杂情况和不确定性：学习如何处理复杂情况和不确定性，灵活应对变化和挑战，保持冷静和果断，寻找最佳的解决方案。

知识培养

・领域知识

深入了解所在行业或领域的基本情况和发展动态：学习行业趋势和市场需求，掌握相关专业知识，以保持竞争优势。

掌握相关领域的专业知识和技术：不断学习和更新自己的专业知识，学会运用新的技术工具和软件，提高工作的质量和效率。

・综合知识

掌握基本的财务和经济知识：了解财务基本概念和报表分析方法，学会合理规划、管理和评估自己的财务状况。

了解管理理论和组织原理：学习基本的管理理论和组织原理，提升自己的领导力和团队管理能力。

掌握市场营销和销售技巧：了解市场定位、品牌推广、市场营销策略等，学会推广自己的服务或产品。

・技术知识

掌握计算机和网络基础知识：学习计算机操作、网络安全和数据隐私保护等基础知识。

熟悉常用办公软件和工具：掌握处理文档、表格和演示文稿的技能，学会利用项目管理工具和协同办公平台提高工作效率。

学会数据分析和处理：了解数据分析的基本方法和工具，学习清洗、分析和可视化数据，为决策提供支持。

・跨领域知识

学习与自己领域相关的其他学科知识：了解其他学科对自己领域的影响，拓宽视野，培养多元化的思维模式。

以上是自由职业者知识与技能培养的思维导图内容。在实际学习过程中，可以结合具体的案例和实践经验，帮助学员更好地理解和应用这些知识和技能。

这次给出的内容明显进步很多，有了细节和案例，看起来不那么空洞，但是句子放在导图里显得太冗长，其部分导图效果如下。

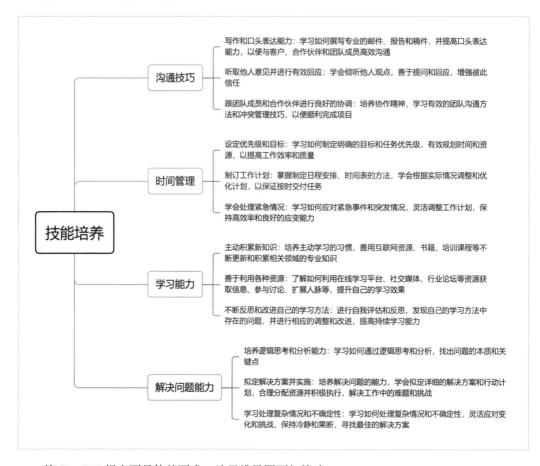

给 ChatGPT 提出更具体的要求，让思维导图更加简洁。

▶ 第四次交流：使用短句优化效果

提问关键词：指出问题 + 要求精简 + 达到效果

这些句子太长了，用来制作思维导图不太美观，对句子和内容进行精简，让思维导图更加美观。

自由职业者的知识与技能培养

技能培养

·沟通技巧

学习撰写专业的邮件、报告和稿件，提高口头表达能力。

学会倾听他人观点，善于提问和回应，增强团队信任和合作关系。

培养协作精神，学习团队沟通和冲突管理方法。

·时间管理

明确目标和优先级，有效规划时间和资源。

掌握制定日程安排、时间表的方法，根据实际情况调整和优化计划。

学会应对紧急事件和突发情况，保持高效率和良好的应变能力。

·学习能力

主动积累新知识：培养主动学习的习惯，不断更新和积累相关领域的专业知识。

善于利用各种资源：利用在线学习平台、社交媒体、行业论坛等资源获取信息、参与讨论、扩展人脉等。

不断反思和改进自己的学习方法：进行自我评估和反思，发现自己的学习方法中存在的问题。

·解决问题能力

培养逻辑思考和分析能力：通过逻辑思考和分析，找出问题的本质和关键点。

制定解决方案并实施：制定详细的解决方案和行动计划，合理分配资源并积极执行，解决工作中的难题和挑战。

处理复杂情况和不确定性：灵活应对变化和挑战，保持冷静和果断，寻找最佳的解决方案。

知识培养

·领域知识

了解行业趋势和市场需求，掌握相关专业知识，以保持竞争优势。

不断学习和更新自己的专业知识，学会运用技术工具和软件，提高工作质量和效率。

·综合知识

了解财务基本概念和报表分析技巧，合理规划、管理和评估自己的财务状况。

学习基本的管理理论和组织原理，提升自己的领导力和团队管理能力。

了解市场定位、品牌推广、市场营销策略，有效推广服务或产品。

·技术知识

学习计算机操作、网络安全和数据隐私保护等基础知识。

掌握处理文档、表格和演示文稿的技能，利用项目管理工具和协同办公平台提高工作效率。

了解数据分析的基本方法和工具，清洗、分析和可视化数据，为决策提供支持。

·跨领域知识

了解其他学科的影响和应用，拓宽视野，培养多元化的思维模式。

以上是关于自由职业者知识与技能培养的思维导图内容。在实际学习过程中，可以结合具体的案例和实践经验，帮助学员更好地理解和应用这些知识和技能。

通过优化，排版效果看起来更加简洁美观，有利于学员抓住关键信息，同时又便于课堂展示，部分导图展示效果如下。

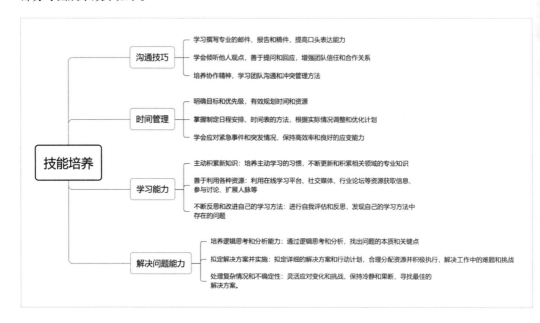

◆ 方法二：用 TreeMind 树图直接生成内容

　　TreeMind 树图是一款集 AI 生成内容与思维导图于一体的图文制作工具，提供海量精品模板，每天持续更新。它可直接通过 AI 生成内容和思维导图，并为用户提供多元化的输出格式，非常快捷。

　　此外，TreeMind 树图的功能丰富，可以提供 50 多种结构类型，可以插入文本、图标、插画、图片、视频、公式、超链接、关联线、外框、概要、标签、标注、备注等，而且支持多平台同步操作，有自动保存和手动保存的功能。基础功能免费使用，基本可以满足用户的日常需求。

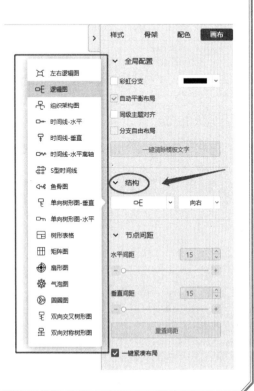

如果需要更高级的效果，也有个人高级版和团队版可供选择。开通会员后，每天的图片导出数量不受限制，图片没有水印，AI的创作字数也可以增加。

团队版支持5个人使用，平摊下来每个人的年度费用更低，远远比个人高级版优惠。不过，个人高级版的年度费用非常人性化，直接面向教师和学生减免，前提是你提供了相关的证明。如果你想试试效果，两个版本都可以从月度会员开始体验，满意的话再进行升级也不迟。

接下来介绍用 TreeMind 树图生成思维导图的实操步骤。

（1）在浏览器中打开 TreeMind 树图官网。

（2）单击右上角的登录 / 注册按钮，输入手机号和验证码快速登录。

（3）在 AI 提问框中输入相应的指令，即可生成相应的思维导图，非常快捷。

新一代"AI人工智能"思维导图

海量知识导图、素材资源；一键AI生成导图；分屏浏览，边看资料边做导图；跨平台文件同步；
团队协作与管理、多人同时编辑一个导图；开放平台，更多外部应用。

Ai ⊙ 提问示范 输入需求，如：帮我制定一份工作周报模版   智能生成

飞速开发，每周都在上新功能！ 更新时间: 2023-07-14

▶ 第一次交流：给出主题提示，生成时间管理计划表

提问关键词：只提供主题

8 ┃ 帮我生成一个时间管理的计划表。

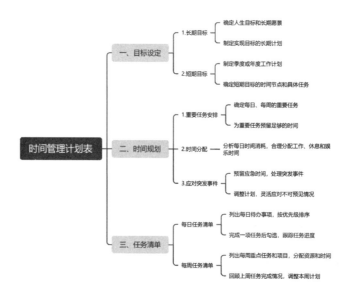

AI 自动生成了思维导图，然而内容比较平庸，缺乏个性化和具体的描述。接下来我们继续优化提问。

▶ 第二次交流：增加身份限定和目标群体

提示关键词：赋予专家身份 + 目标群体 + 时间管理表

假设你是一个时间管理达人，帮我生成一个适合 90 后自媒体人的时间管理表。

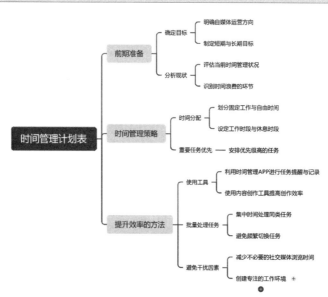

加入了具体的身份信息后，很明显 AI 对内容进行了调整，设计出了一个劳逸结合、更符合年轻人作息规律和生活习惯的计划表，但是依然缺乏具体的案例和细节，我们可以进一步提问。

▶ 第三次交流：增加细节和案例

提示关键词：赋予专家身份 + 目标人群 + 时间管理表 + 要求有案例和细节

> 👤 ｜ 假设你是一个时间管理达人，帮我生成一个适合 90 后自媒体人的时间管理表，要求有案例和细节。

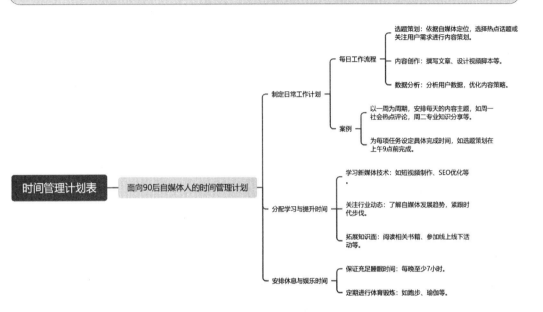

AI 在一级标题里提供了 6 个方法，在二级标题里列出了重要的时间管理工具，对于日程安排也做了细化，同时给出了案例，看完就能实操。但是从图片的效果来看，似乎还不够美观，接下来我们要对图片进行处理。

‖技术专题——优化思维导图效果并转换为其他格式‖

优化骨架

单击右上角的"骨架"，任意选择一种排版布局，左边的思维导图就会自动同步排版，如从单侧展示变成双侧展示，标题从方框变成了云朵的形状，增添了一丝灵动俏皮的味道。

优化颜色

接着我们单击右上角的"配色"，选择任何一种配色效果，左边的图片马上更换了颜色，从原来的黑白效果变成了彩色，让思维导图增色不少。

最后一步导出图片。单击右上角的"导出"按钮，选择 JPG 格式进行图片导出。

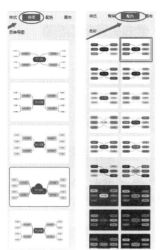

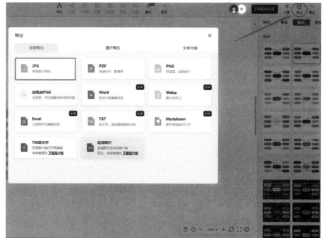

对图片进行命名，单击"保存"按钮就完成导出了。

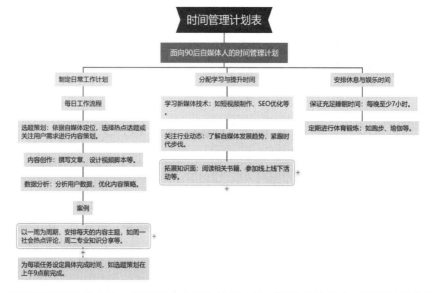

AI 列举了具体的方法，提供了一个适合年轻人的时间管理计划表，强调了劳逸结合，看完就能实操。但是从图片的效果来看，似乎还不够美观，接下来我们要对图片进行迭代处理。

转换图片格式

此外，TreeMind 树图还支持思维导图结构的转换，比如把思维导图一键切换为流程图、鱼骨图、树形图、矩阵图和圆圈图等。

这里我们以树形图为例，一起来解锁新的图片格式。

（1）单击"结构"按钮，选择"树形表格"，思维导图马上变成了树形图，内容保持不变。

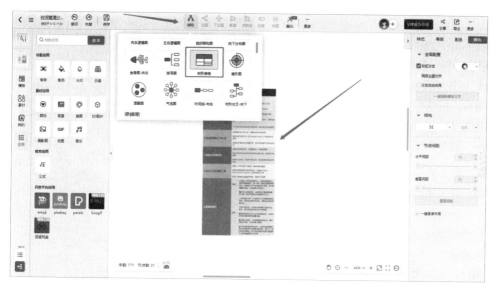

（2）单击右上角的"导出"按钮，这次选择 PNG 格式。PNG 格式虽然压缩图像文件的体积，但不会损害其质量，可以较好地保持图片的清晰度。

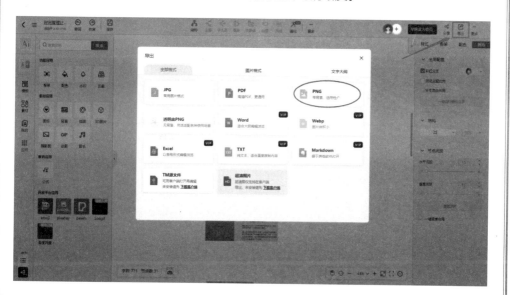

（3）把图片保存在计算机桌面，单击"保存"按钮即可。

值得注意的是，TreeMind 对于某些不常见的词汇，可能暂时不能理解。例如，我一开始提到的"晚睡型人格"，AI 半天都没反应过来，直接出现卡顿的情况。把这个词删掉后，AI 马上就恢复正常了。因此在提到一些特殊词汇的时候，要考虑换一个更简单的说法。

以上就是两个生成思维导图的方式。前一种方法可以搭载更多 AI 软件，实现不同程度的文本优化，但是多软件的切换相对复杂。后一种方法则是一步到位，直接在一个网站上面实现 AI 写作 + 图片设计，大大节省了时间成本。所谓萝卜青菜各有所爱，到底哪个方法更适合你，试过才知道！

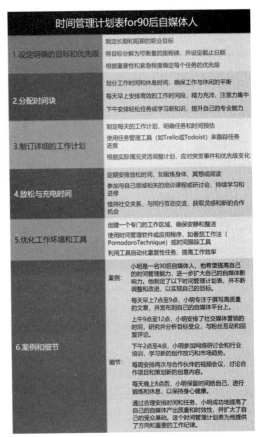

02

ChatGPT 是求职面试的好顾问

近几年，想必职场人都有一种体验：找工作越来越难了。

毕业生规模持续保持增长，市场招聘的需求却在不断紧缩。打个比方，如果过去是 3 个人竞争一个岗位，现如今可能是 30 个人在竞争一个岗位。

面对竞争如此激烈的就业市场，是不是拥有高学历就可以找到好工作？事实上，高学历人士的就业压力同样不小，因为在一个遍地都是大学生的时代，学历只是基本的就业门槛。

与此同时，对于一部分求职者来说，他们依然可以靠自己的方式找到一份不错的工作，他们不一定拥有丰富的人脉与极高学历，但是他们一定知道足够多的信息，利用信息差赢得求职胜利。

本章我们会重点介绍如何用 ChatGPT 打破信息差，充分收集工作情报，提前演练，让你的面试表现更加出色，从而获得更好的工作机会。

ChatGPT

2.1 制作和调整求职简历

找工作的第一步是制作一份扎实而专业的简历，梳理我们的个人信息、优势与亮点，精准展示我们与工作岗位的匹配度，从而获得面试官的认可，快速找到心仪的工作。

在制作简历方面，ChatGPT可谓专家，它不仅可以快速提供一份简历范本，还可以做出个性化的调整，让面试官看一眼就觉得你是他们要找的人。

假设小敏是一位高校应届毕业生，她的专业是商务英语，性格比较安静内敛，擅长思考和观点输出，喜欢看书和摄影，她希望在佛山找一份小红书运营工作，现在邀请ChatGPT帮她打磨一份漂亮的简历吧。

▶ 第一次交流：了解岗位工作内容和技能需求

提问关键词：教育背景 + 性格爱好 + 求职岗位 + 工作内容与技能需求

> 你好，我叫小敏，是一位高校应届毕业生，专业是商务英语，性格比较安静内敛，擅长思考和观点输出，喜欢看书和摄影，现在想找一份小红书运营工作。请问你可以帮我介绍一下这个岗位的工作内容与技能需求吗?

小红书运营岗位通常需要以下技能。

1. 商务英语能力：作为一名小红书运营岗位工作人员，与合作伙伴、品牌主和用户进行沟通是非常重要的。具备良好的商务英语能力可以帮助小敏更好地与国内外团队进行沟通和合作。

2. 很强的写作能力：小红书运营涉及撰写品牌合作推广的文章、长文案、品牌故事等，对于文字表达能力要求较高。小敏可以通过阅读和写作练习来提升自己的写作能力。

3. 团队合作精神：在小红书运营岗位上，通常需要与团队内的其他成员协作，共同完成项目目标。具备良好的团队合作精神可以提高工作效率。

4. 社交媒体驾驭能力：小红书是一个分享社区，小敏需要熟悉小红书平台的特点、用户行为以及运营策略，能够通过优质内容吸引用户，提高品牌的曝光度和影响力。

5. 分析数据能力：小红书运营岗位工作人员需要根据数据进行内容优化和运营策略调整，因此具备较好的数据分析能力是必要的。小敏需要掌握数据分析工具的使用技巧和数据分析方法，利用数据来洞察用户需求，为品牌提供更准确的运营建议。

6. 创意思维和市场敏感度：小红书是一个注重创意和时尚的社交平台，对市场变化和用户需求敏感是非常重要的。小敏可以通过阅读行业资讯、观察市场趋势等方式提升自己的市场敏感度，培养创意思维，为品牌提供具有竞争力的文案内容和活动方案。

总之，作为一名小红书运营工作人员，除了具备商务英语能力、写作能力、团队合作精神和社交媒体驾驭能力外，还需要具备数据分析能力、创意思维和市场敏感度。同时，不断学习和提升自己的专业知识也是非常重要的。

通过对工作内容的提问，可以强化 ChatGPT 对该岗位的认识，同时帮助求职者全方位掌握求职岗位的信息，有利于求职者做足准备。

▶ 第二次交流：制作小红书运营岗位简历

提问关键词：岗位名称 + 制作简历 + 突出优势 + 个人信息

现在我想在佛山找一份小红书运营的工作，请你根据我的个人背景，帮我写一份个性化的求职简历，突出我的优势和亮点，以免我的专业不对口变成减分项。我的个人信息：商务英语本科毕业，性格比较内敛，擅长思考和摄影。

当然，根据您的个人背景，以下是一份个性化的求职简历模板，突出您在英语、思考和摄影方面的优势。

=======================
个人信息
姓名：[您的姓名]
年龄：[您的年龄]
电话：[您的联系电话]
邮箱：[您的邮箱地址]

教育背景
[学历] [毕业院校] [毕业时间]
– [相关专业课程或研究方向]

工作经验
[公司名称] [职位] [起止时间]
– 负责小红书内容创作和运营，提升品牌知名度和用户黏性。
– 用英文撰写优质内容，进行文案翻译和本土化处理。
– 策划并执行营销活动，增加用户互动与参与度。

个人技能与特长

– 流利的英语口语和写作能力，能够撰写高质量的英文内容和进行跨文化交流。
– 擅长思辨分析和问题解决，能够独立思考问题并找到创新的解决方案。
– 熟悉社交媒体平台的运营机制和用户需求。
– 拥有摄影技能和良好的审美眼光，能够通过图片和视频创作辅助公司宣传。

项目经历

[项目名称] [担任角色] [起止时间]
– [项目描述及所获成就]

自我评价

作为一名英语专业的学生，我有着扎实的专业基础，具备丰富的自媒体社交经验。我善于用创意和故事性的内容吸引更多用户的关注和参与度。同时，我的摄影技巧和审美眼光能够为品牌产品带来独特而真实的视觉呈现。我相信通过我的努力和专业能力，能够为公司带来更多的用户增长。

以上是一份简单的模板，帮助您突出擅长英语、思考、有自媒体社交经验及喜欢摄影的优势。请根据您的具体情况进行填写，并结合实际案例和数据来体现您的能力和成就。祝您成功找到理想的小红书运营工作！如果需要更进一步的帮助，请随时告诉我。

ChatGPT 制作的简历将求职者的兴趣与专业融入岗位需求中，突出其能力对岗位的重要性和利他性，打造出一个更具竞争力的职业形象。

小红书运营是小敏在求职路上的第一选择，但是她担心最终找不到理想的工作，毕竟她专业并不对口，加上热门行业竞争太大了，因此她想做好两手准备，同时让 ChatGPT 帮她打造另一份面向英语相关工作的简历，这样能提升她找工作的效率。

▶ 第三次交流：生成英语相关工作岗位的备选简历

提问关键词：制作第二份简历 + 工作要求 + 个人背景

 　　请你继续帮我生成第二份简历。我想找一份英语相关的工作作为备选项，我是英语专业本科毕业生，平时喜欢研究社交媒体、读书、思考和摄影，性格相对内敛，请结合我的优势，扬长避短帮我优化简历。

　　当然，以下是一份针对英语相关工作的简历模板，结合您的英语本科专业背景，喜好研究社交媒体、读书、思考和摄影，以及内敛的性格特点生成。

=======================

个人信息

姓名：[您的姓名]

年龄：[您的年龄]

电话：[您的联系电话]

邮箱：[您的邮箱地址]

教育背景

[学历] [毕业院校] [毕业时间]

技能与特长

– 流利的英语口语和写作能力，具备全面的英语沟通能力。

– 善于研究社交媒体，了解并掌握各种社交平台的运营模式和用户需求。

– 拥有良好的思辨分析能力，能够深入思考问题并提供有效的解决方案。

– 具备摄影技能和良好的审美眼光，擅长通过图片等传递情感和观点。

工作经验

[公司名称] [职位] [起止时间]

– 负责英语教学工作，提供高质量的英语课程和辅导。

– 编写和翻译英文文案，确保内容的准确性和流畅度。

– 负责社交媒体平台运营，策划并执行吸引用户的活动。

项目经历

[项目名称] [担任角色] [起止时间]

– [项目描述及所获成就]

自我评价

作为一名英语专业毕业生，我具备扎实的英语基础和良好的沟通能力。我的社交媒体运营经验使我了解用户需求和市场趋势，能够针对不同目标群体策划个性化的活动。同时，我的思辨分析能力和内敛的性格使我能够独立思考问题，并提供创新的解决方案。我的摄影技能和审美眼光能够通过图片传递情感和观点。我相信这些优势将使我在英语相关的岗位上有出色的表现和贡献。

以上是一份针对英语相关工作的简历模板，请根据您的个人情况进行填写，并结合实际案例和数据来体现您的能力和成就。希望这份简历能帮助您获得心仪的工作岗位！如果需要进一步的帮助，请随时告诉我。祝您成功！！

这两份简历的细微之处有很大的区别。面向小红书运营的岗位，ChatGPT 强调的是摄影技能与英语沟通能力有利于社交平台的运营，输出更具美感和实用价值的内容，利于品牌的推广；面向英语相关工作岗位，ChatGPT 则强调求职者热爱思考，能够更好地与客户沟通，维护好客户关系，提升公司的形象与口碑。

没有使用 ChatGPT 之前，你可能不知道如何写好两份完全不同的简历，实现不同岗位的精准匹配；有了 ChatGPT 之后，你会发现这是可以轻松搞定的事情，并且能够把你的特质和优势发挥到极致。

2.2 拓展求职渠道并提升成功概率

艾媒咨询数据显示，2022 年，使用网络招聘平台寻找全职与兼职工作的求职者占比相当，分别为 62.4% 和 61.9%。超过半数求职者（52.6%）使用过 2~3 个网络招聘平台进行求职。

这组数据告诉我们，大部分求职者都会通过网络招聘平台找工作，而且渠道不止一个。

换言之，想要找到好工作，拥有足够多的信息资源是关键。

如果你只知道在某个招聘网站投简历，你的信息来源就非常单一，匹配到好的工作机会的可能性就比较低，因为人人都是通过这种常规渠道找工作，可想而知竞争多么激烈。如果你不是一个拥有高学历且专业技能很强的面试者，可能还没见到面试官，简历就被筛选掉了。

ChatGPT 不但可以拓展你的求职渠道，还可以给出具体的求职方法。

这一节，我们一起来学习如何借助 ChatGPT 了解更多的求职网站与渠道，获得更丰富的求职信息，提升找到好工作的概率。

我们来看一个案例。小刘是一个计算机专业的名校应届毕业生，实习期曾在广州有一份工作，做了半年后他辞职了。积攒了不少经验的他，现在希望在深圳找一份 IT 工作，进知名互联网企业、拿高薪是他的梦想。此刻他应该如何用 ChatGPT 来帮助自己收集信息呢？

▶ 第一次交流：了解更多招聘网站

提问关键词：求职背景 + 工作目标 + 推荐网站 + 列出网站特点与优势

> 你好，我是小刘，是一位名校毕业的大学生，读的是计算机专业，现在我希望在知名互联网企业找一份 IT 工作，月薪不低于一万元，请问我如何才能找到这样的工作？请给我推荐一些求职网站，并且把网站的特点和优势罗列出来，方便我进行筛选。

你好，小刘！恭喜你毕业。以下是一些常用的求职网站，以及它们的特点和优势介绍，供你筛选使用。

1. 智联招聘：中国著名的综合性求职网站之一，它拥有广泛的企业资源和职位信息，包括很多知名互联网企业的招聘信息。其特点是发布的职位较为全面，且提供一些专业学习和职业发展的辅助服务。

2. 前程无忧：中国最早的互联网招聘网站之一，它同样拥有众多知名互联网企业的招聘信息，也提供了一系列职业规划和培训服务。与智联招聘相比，前程无忧在职位数量和行业分类上略有差异，二者可以相互补充。

3. 猎聘网：国内领先的高端招聘平台，提供大量的高薪职位信息。它的特点是聚焦于中高级管理和专业人才，拥有多个行业的垂直招聘渠道，知名互联网企业的招聘信息较为全面。

4.BOSS 直聘：一个以移动互联网为特色的招聘平台。它提供了基于地理位置的推荐服务，可以更精准定位你附近的知名互联网企业职位，并与企业直接沟通。此外，BOSS 直聘还有一些社交化的特点，方便你了解职场动态。

当选择求职网站时，你可以根据以下几个方面进行筛选。

1. 职位覆盖面广：选择拥有大量职位信息和多个行业分类的网站，能够提供更多选择。

2. 信誉度高且企业资源丰富：选择拥有良好声誉、掌握知名互联网企业高质量职位信息和丰富企业资源的网站，能够增加找到心仪工作的概率。

3. 职业规划和培训服务：考虑该网站是否提供职业发展规划和专业培训等辅助服务，这些规划和服务有利于你在工作岗位上的长期发展。

希望以上信息对你有所帮助，祝你找到一份满意的工作！如果有其他问题，欢迎继续提问。

ChatGPT 提供了几个主流的招聘平台，一定程度上，确实可以帮助求职者扩大选择，掌握更多主动权。与此同时，它还分析了不同平台的特点与优势，有利于我们快速选择平台，高效匹配理想的工作。

不过问题来了：现在的招聘信息这么多，这些平台上的内容一定靠谱吗？面对鱼龙混杂的招聘市场，我们如何判断信息的真假？又如何提升我们的面试成功率？

▶ 第二次交流：判断信息真伪并提升回复率

提问关键词：分辨信息真假 + 提升回复率技巧

 请问这些网站靠谱吗？如何分辨信息的真假？以前我在 BOSS 直聘给心仪的公司发过信息，但是都石沉大海，能否给我提供一些提升回复率的技巧？

这些求职网站都是经过多年发展的知名平台，拥有大量的企业资源和职位信息，因此可以说是比较靠谱的。然而，在使用过程中仍然需要谨慎对待。以下是一些分辨信息真实性的方法。

1. 查看企业信息：在浏览职位时，你可以点击进入企业主页，查看公司的基本信息、业务范围和规模等，了解企业的背景和实力。

2. 验证认证信息：一些求职网站会为企业提供认证服务，如"V"标志或其他认证标识。你可以留意这些标识，并通过其他渠道（如官方网站、社交媒体等）验证企业的真实性。

3. 调研公司口碑：在网上搜索目标公司的口碑，了解其他人对该公司的评价，有助于你判断其信誉度。

4. 警惕虚假招聘信息：如果某个职位信息过于夸张，如待遇异常高或者与常理不符，它可能存在虚假招聘的风险，应保持警觉并谨慎对待。

针对提升招聘官回复率的技巧，下面是一些建议。

1. 简洁明了的邮件标题：在给招聘官发送邮件时，使用简洁而有吸引力的标题，准确描述你的意图和优势。

2. 温和礼貌的语言：在邮件正文中，使用温和、礼貌的语言表达你的兴趣和能力，并展示你对该公司的了解。

3. 自我介绍有亮点：突出你在相关领域的专业技能和实践经验，使招聘官对你产生兴趣。

4. 表达合适的期望：在邮件中适度表达你对岗位条件的期望，但要注意避免提出过于苛刻的要求，以增加对方回复的可能性。

5. 个性化的沟通：在写邮件时，尽量个性化地进行沟通。针对公司或招聘官的某些项目或成就发表观点，以表达你对该公司的热情和关注。

希望以上建议对你有所帮助！祝你在求职过程中取得成功！如有其他问题，请随时提问。

如果感觉这些建议比较空洞，缺乏具体的案例，看完还是不知道怎么办，那么接下来我们直接提供人物信息和求职背景给 ChatGPT，让它帮我们智能生成个性化的求职话术，之后我们举一反三进行优化调整即可。

▶ 第三次交流：提供量身定做的求职话术

提问关键词：提供交流话术 + 字数要求 + 目标限定 + 背景信息

请给我一段可以快速引起招聘官注意的求职话术，200 字左右，方便我在招聘平台匹配知名互联网企业工作，月薪不低于一万元。我的背景：名字叫小刘，名校毕业的大学生，计算机专业。

亲爱的招聘官，您好！

我是一名怀揣激情、富有才华的年轻人——小刘，具备出色的学术背景和扎实的计算机专业知识。毕业于知名大学，我深信自己已经准备好投身于知名互联网企业的工作。

通过深入的学习和实践，我掌握了各种编程语言和技术，包括但不限于 Java、Python 和数据库管理等。在校期间，我积极参与项目开发和团队合作，锻炼了良好的沟通、协作和解决问题的能力。

我追求卓越，并且从不满足于表面的成就。我的学术成绩、实习经验和技术能力得到了同行业专家的认可。我衷心希望能够成为贵公司的一员。我善于适应高强度工作环境，具备快速学习和解决问题的能力。将我的知识和技术转化为实际应用，推动企业的发展，并与团队共同成长，对我来说将是一种激励和动力。

期待和您进一步交流，展示我的专业能力和热情，以期为贵公司带来积极价值。谢谢您抽出时间阅读我的简介。

我的期望薪资是不低于一万元，这确保了我对自己工作价值的认识和信心。

诚挚的问候

小刘

ChatGPT 这段文案开门见山，言简意赅切入主题，坦诚的同时不失礼貌，表明自身优势与求职意向，强调愿意为公司效力。只要根据实际情况稍加优化，相信可以很快引起招聘官的注意，争取到面试机会。

▶ 第四次交流：扩展更多求职渠道

提问关键词：求职渠道 + 目标

好的，那么除了线上的招聘网站，请问我还可以通过什么渠道来寻找优质的工作？

 除了线上招聘网站，还有一些其他渠道可以帮助你寻找优质工作。以下是一些常见的方法。

1. 职业社交媒体平台：利用职业社交媒体平台，如 LinkedIn（领英），来建立和扩展你的职业网络。通过与其他专业人士互动，你可以了解行业内的工作机会，并获取更多的职业资讯。

2. 职业协会和行业组织：加入相关的职业协会或行业组织，在会员活动中与同行业人士进行交流。这些组织通常会提供行业内的就业机会和职业发展资源。

3. 招聘公司和人才中介：与专业的招聘公司或人才中介合作，它们通常具有丰富的行业经验和人脉资源，能够为你推荐适合的职位和雇主。

4. 校园招聘和就业服务中心：如果你是在校学生或刚毕业，可以利用学校的就业服务中心或校园招聘活动来获取工作机会。这些机构通常有专门的就业顾问，能够提供求职咨询和帮助。

5. 个人人际关系：利用你的个人人际关系，向朋友、家人、老师、同事等寻求内部引荐或推荐。有时候，并不是所有的工作机会都被公开发布，通过人际关系可以获得一些独特的就业机会。

对于如何选择合适的渠道，你可以考虑以下几个因素。

– 目标行业和岗位：了解目标行业和岗位在哪些渠道上更活跃，据此选择合适的渠道来有针对性地投递你的简历。

– 自身条件和要求：根据自己的技能、经验和要求，选择合适的渠道，避免浪费时间和资源。

– 渠道的可靠性和信誉：选择可靠且信誉好的渠道，可以提高找到优质工作的机会。

希望以上信息对你有帮助！如需进一步分析，请告诉我你的具体专业领域和背景。

找工作的思路一旦打开了，你就会发现到处都是机会！你只要找到一个圈子，就可以找到无数的圈子，ChatGPT 再次帮我们拓展了求职的可能性。

▶ 第五次交流：锁定具体城市的线下圈子

提问关键词：具体城市 + 线下圈子 + 目标

 请问深圳有什么线下圈子和渠道可以扩展我的社交网络，从而认识更多自带资源与信息渠道的朋友，获得更多工作机会？

深圳作为中国的创新创业之城，有着丰富的线下社交圈子和渠道，可以帮助你扩展社交网络并获取更多工作机会。以下是一些具体的圈子和渠道。

1. 创业孵化器和科技园区：深圳拥有众多知名的创业孵化器和科技园区，如腾讯众创空间、华强北科技时尚文化特色街区等。参与这些机构的活动，你可以接触到各行各业的创业者、投资人和业内专家，从中获取创业信息和就业机会。

2. 行业交流活动和展会：定期关注深圳举办的行业交流活动和展会，如创新创业大赛、技术峰会等。这些活动通常会聚集大量的行业精英和专业人士，你可以通过参与活动结识业内人士，并获取工作机会和资源。

3. 职业社交组织和俱乐部：加入与你所从事领域相关的职业社交组织和俱乐部，如技术研讨会、商业交流圈等。这些组织经常会举办专题讲座、座谈会等活动，你可以在这里结识志同道合的人，进行交流和合作。

4. 商业活动和社交聚会：参加深圳本地的商业活动和社交聚会，如行业晚宴、商务沙龙等。这些活动往往吸引了各行业的商业精英和企业家，你可以通过与他们建立联系，获取行业内的资源和机会。

5. 专业培训和研讨会：关注专业领域的培训和研讨会，并积极参与其中。这些活动通常有行业资深人士或专家授课，你可以借此机会与他们互动、学习和建立关系，并从中获取招聘信息和内部推荐。

需要注意的是，参与这些线下圈子活动时要保持积极主动，注重与他人的互动和交流，同时展示自己的价值和能力。

通过这些社交活动，你有机会结识更多自带资源与信息渠道的朋友，进而增加获得工作机会的可能性。

希望以上信息对你有帮助！如需进一步分析和建议，请告诉我你的具体专业领域和背景。

有没有发现，ChatGPT 就像一个寻找工作的雷达？它可以帮助我们快速检索更多社交信息，大大增加我们找工作的渠道。本来人生地不熟的求职者只能被动等待，与 ChatGPT 交流之后，求职者会发现自己可以做的事情很多，锁定目标后完全可以主动出击，不但获得了更多工作机会，而且求职过程更聚焦、更高效。

2.3 一对一面试演练

通过一轮又一轮的投简历和线下社交，相信小刘已经有了不少选择。但是接下来的面试也并不轻松，尤其对于没有经验的职场新人来说，面试无疑是一场硬仗。很多人的简历写得非常漂亮，但是一到面试环节就紧张焦虑，与心仪的工作失之交臂。

为了避免出现这种情况，职场新人可以让 ChatGPT 扮演面试官，进行一对一的实战模拟，提升自己的胆量和口才，以自信、专业和真诚的态度打动面试官，从而被心仪的公司录用。

▶ 第一次交流：赋予 ChatGPT 科技公司面试官身份进行演练

提问关键词：身份背景 + 面试公司的规模文化 + 扮演面试官 + 提出问题

你好，我是小刘，一名高校毕业的应届生，计算机软件专业，现在我要去一家位于深圳的科技公司面试。这家公司的员工有两百多人，算是国内巨头，全国有多家分公司，入职员工的学历一律不低于本科，企业文化是"卓越利他"，现在请你扮演面试官，对我提出面试问题并给出专业的回答。

你好，小刘！很高兴能够帮助你进行模拟面试。作为该科技公司的面试官，我将向你提出几个问题，并给出专业的回答。

1. 请介绍一下自己。

回答：你可以简单介绍一下你的基本信息，如姓名、毕业院校、专业以及与计算机软件相关的实习经历或项目经验。同时，强调自己的学习能力、团队合作精神以及对技术的热情。

2. 为什么选择加入我们公司？

回答：你可以提到该公司在行业内的知名度和规模，强调自己对公司产品或服务的兴趣和认可。同时，提及公司的发展前景、文化也是一个加分点。

3. 你最擅长的编程语言是什么？请举例说明你在该语言下完成的一个项目。

回答：根据你自身的编程语言掌握情况，可以选择其中一门语言进行介绍。例如，如果你擅长 Java，可以提到你在大学期间使用 Java 开发在线商城系统的经历，做了包括功能设计、性能优化等方面的工作。

4. 请问你在团队合作中扮演什么角色？可以举例说明一次团队合作的经历吗？

回答：这个问题主要考察你的团队合作能力。你可以提到自己在团队中的角色，如组织者、沟通者或问题解决者，并解释为什么选择这个角色。同时，举例说明一次团队合作的经历，描述你在团队中扮演的具体角色以及如何与其他成员合作完成任务的。

5. 请问你对于技术创新和学习持有什么态度？

回答：在这个问题中，你可以表达对技术创新和学习的积极态度，可以提及你关注最新的技术趋势和行业动态，参加培训、研讨会等活动，不断学习并应用新知识；强调在快速变化的行业中保持学习的重要性。

以上是我对面试问题的提问和回答，希望能对你进行模拟面试有所帮助。祝你取得好成绩，加入心仪的科技公司！如果还有其他问题，欢迎继续提问。

这些问题有些太大众化了，随着面试人数的增加，面试的问题也在不断升级。对于面试官来说，提问的目的不是考验你的应试能力，而是看你面对问题会怎么处理，是否具有自己的观点，是不是一个具有独立思考能力的求职者，是否具备比较高的情商，是否善于处理人际关系以利于增强团队合作。

既然你的过去和现在已经写在简历中，那么面试官很可能会提出一些有前瞻性的问题，考验你的行业眼光、思考能力，以及对时代与社会的认识，而你的回答可以反映出你的社交和信息网络，甚至是性格。

要知道，一个圈子单一、社交能力较弱的人，是不可能掌握很多信息资源的。一个职场人掌握信息和知识的渠道，从来都不只书本和媒体平台，更多的是你处于什么样的圈子，以及你身边的人群质量。

所以，提问前瞻性比较强，特别考验思考能力和输入能力的问题，往往是把面试者淘汰的关键环节，特别是一些比较高薪的工作，面试官可能会从一些意想不到的角度来考验你，而不是问大家都知道答案的问题，比如"如何评价你的前任老板"或者"你有什么缺点"。所谓"道高一尺魔高一丈"，随着时代的发展，很多面试者也在优化自己的话术，这些有"标准答案"的面试问题，早晚会退出历史舞台。而开放性强、没有标准答案的面试问题，会逐渐占据主流，帮助企业筛选出真正有见识、有创新能力又具备综合竞争力的优质人才。

▶ 第二次交流：面试提问优化

提问关键词：新颖的问题 + 附上回答 + 内容要求

这些问题都比较大众化，能否提问一些新颖的问题并附上回答，尤其是关于行业与时代趋势的内容。

当然可以，以下是一些针对行业与时代趋势的新颖问题以及相应的答案，供你参考。

1. 请介绍一项最新的技术趋势，并说明你对它的理解和看法。

回答：最新的技术趋势之一是人工智能（AI）和机器学习（ML）。我认为 AI 和 ML 的兴起将对各行各业产生深远影响。例如，AI 可以通过自动化和智能化的方式提高效率，降低人工成本，为公司带来更多机会。对于软件开发行业来说，AI 和 ML 可以在数据分析、模型训练及智能决策等方面发挥重要作用。

2. 最近有关数据隐私和安全性的问题备受关注，请谈谈你的看法。

回答：数据隐私和安全性是数字化时代面临的重要问题。作为计算机专业的毕业生，我深刻理解数据隐私和安全性的重要性。在开发过程中，我会积极采取措施保护数据的安全，例如，加密敏感信息，严格限制数据访问权限等。同时，我也会持续关注相关行业标准并在项目中应用，以确保数据隐私和安全性。

3. 请谈谈你对云计算和边缘计算的理解，并说明它们如何推动科技公司的发展。

回答：云计算和边缘计算是当前科技发展的重要趋势。云计算通过集中管理和提供计算资源，可以实现弹性扩展、高可用性，具有节约成本等优势；而边缘计算则是将计算和存储资源推向离用户更近的地方，提供更快速和实时的服务。这两者相结合，能够为科技公司提供更大规模的计算和存储能力，加速创新并提供更好的用户体验。

4. 在 AI 快速发展的背景下，你认为哪些职位或技能会受到影响或被替代？如何应对这些变化？

回答：随着 AI 的发展，一些重复性劳动可能会被自动化取代，如一些简单的数据分析和处理工作。但与此同时，也会出现更多需要人类思维与创造力的岗位。为了适应这种变化，我认为持续学习和不断提升自己的技能是非常重要的。除了技术方面的学习，还应培养自己的创新思维、解决问题的能力，并培养与 AI 协作的技能。

希望以上问题和答案能够对你有所启发。每个公司的面试问题可能有所不同，所以请根据实际情况加以准备。祝你顺利通过面试！如果还有其他问题，欢迎继续提问。

通过提问的迭代，并给出具体的指向，ChatGPT 给出的回答更具前瞻性，结合当下又能立足未来，可以更好地体现求职者对一个行业甚至一个时代的思考。

此外，有了 ChatGPT 提供的针对性提问，相信可以帮助求职者做好更充分的准备，对面试胸有成竹，不至于面对突如其来的提问时措手不及，给出逻辑混乱或者离题万里的回答，在面试中丢失优势。

接下来的提问我们直接给 ChatGPT 抛出话题，让它来设计面试问题，它又会提供什么样的答案呢？

▶ 第三次交流：设计 10 个新颖的面试题目

提问关键词：赋予专家身份 + 行业限定 + 问题条数 + 面试者信息

 你现在是一位专业的招聘官，请面向 IT 行业，设计 10 个新颖而不失个性化的面试提问。面试者是一位 IT 专业的职场新人，擅长演讲与社交。

当然！以下是我为 IT 行业的职场新人设计的 10 个新颖而不失个性化的面试提问，并附上回答。

1. 请分享一次你在社交场合中成功应对困难局面的经历。

回答：在参加一个技术会议时，我碰到了一个与我意见不合的同行。我决定采取主动沟通的方式，积极倾听他的观点，并尽力理解他的立场。通过认真的讨论，我们最终达成了共识，并以良好的合作关系完成了项目。

2. 你认为在技术领域中，如何利用演讲技巧来影响他人？

回答：演讲技巧在技术领域中非常重要，它可以帮助我将复杂的技术概念以更简单和生动的方式传达给非技术背景的人。通过运用故事化的表达、图形化的展示，我可以吸引听众的注意力，使他们更容易理解和接受我的技术观点。

3. 在工作中，你是如何跟踪最新的技术发展的？

回答：我非常注重持续跟踪最新的技术发展。我定期阅读相关的技术资讯，参加行业研讨会，并积极参与在线技术社区。此外，我还喜欢与同行交流经验，以及参与开源项目，这些都是我保持与技术发展同步的有效途径。

4. 社交技巧在职场中起到了很大的作用，请分享你最擅长的一项社交策略，并举例说明。

回答：我最擅长的社交策略是积极主动地建立关系。我喜欢主动与同事、上级和客户进行交流，关心他们的工作和生活，并提供帮助和支持。例如，在公司内部活动中，我会积极参与并与不同部门的同事建立联系，这样可以扩大我的人脉，有助于日后的合作和沟通。

5. 在一个团队项目中，如果你遇到与同事意见不合的情况，你会如何处理？

回答：如果我遇到与同事意见不合的情况，我会先保持冷静，并尊重对方的观点。我会积极倾听他们的解释和理由，并试图找出双方共同的利益点。如果仍然存在分歧，我会提出解决方案并与同事进行讨论，以达成共识并推动项目向前发展。

6. 请分享一次你在过去的项目中，如何用简单明了的语言向非技术团队成员解释复杂的技术概念。

回答：在我参与的一个项目中，我需要向非技术背景的领导层解释复杂的技术概念。我采用了可视化的方式，绘制流程图、示意图和图表，以帮助他们更好地理解。我还使用通俗易懂的语言解释技术术语，并结合实际案例，让他们能够将抽象的概念与实际情境联系起来。

7. 在高强度的工作环境中，如何管理时间并合理安排任务？

回答：在高强度的工作环境中，我会根据任务的紧急程度和重要性进行分类和排序，制订详细的计划，将工作分解为小块，并设定明确的目标和截止日期。我会使用番茄工作法来保持高效率，同时与团队成员进行密切沟通，确保任务的顺利推进。

8. 当你在工作中遇到技术难题时，通常会如何解决？

回答：当我遇到技术难题时，我会先全面了解问题，并进行必要的研究和调查，包括查阅文档、咨询同事和参考相关资料。如果问题仍未解决，我会积极尝试各种可能的解决方案，并进行实验和测试，以验证每个方案的有效性。同时，我也会向团队提出问题，共同寻找解决办法。

9. 在你看来，作为 IT 专业人士，自我提升的要素是什么？

回答：作为 IT 专业人士，自我提升的要素包括持续学习和不断更新技术知识，具备解决问题的能力，富有创新思维、团队合作能力以及对质量和结果的追求。此外，培养良好的沟通能力、适应能力和领导力也是自我提升的重要组成部分。

10. 在你的职业规划中，你希望在 IT 领域取得怎样的成就？请分享你的职业发展目标，并说明你打算如何实现它们。

回答：在我的职业规划中，我希望在 IT 领域成为一名资深的技术专家，并具有一定的管理能力。我希望通过持续学习和积累丰富的项目经验，不断提升自己的技术水平和领导力。同时，我也会不断挑战自我，参与创新项目，努力获得更高级别的职位，承担更多的责任。

ChatGPT 设计的这 10 个问题，不动声色地融入了求职者的教育背景与兴趣爱好，完全称得上是独家定制了。

当然，在面试环节，面试官的问题并非一模一样，但实际上都是换汤不换药，底层逻辑是希望了解求职者的能力、价值观、与工作的匹配度。通过 ChatGPT 的一系列提问，我们可以提前对自己的情况做一个梳理和总结，同时对照 ChatGPT 给的回答查缺补漏。到了面试现场，就可以做到心底有数，举一反三。

03

ChatGPT 是处理关系的解语花

个体心理学创始人阿德勒有这样一句名言：一切烦恼，皆源于人际关系。

这话不无道理，人作为一种社会性动物，做任何事都少不了和其他人打交道，在职场上更是如此，和领导搞好关系，你可能获得更多升职加薪的机会；和同事搞好关系，你遇到问题大家才愿意帮你，你的职场生活才能如鱼得水，游刃有余。

而身为职场人，你一定遇到过以下这些场景。

在工作中，你希望自己负责的项目得到领导的资源支持，但是不知道如何开口，不说吧，无从下手；说吧，害怕被领导拒绝。

面对同事提出的不合理要求，总苦恼不知如何拒绝才不会伤了和气。

ChatGPT 是一个万能的沟通小天才，无论多么棘手的问题，只要交给它，都能给出相应的建议，而你再也不需要因为职场社交问题而伤透脑筋了。

ChatGPT

3.1 职场新人如何处理同事关系

悠悠在一家电商公司当客服，刚入职没几天就经常加班，加班不是为了处理自己的工作，而是老员工总把自己的工作推给她，美其名曰这是对她的培养和锻炼。为此，悠悠很苦恼：当面拒绝吧，害怕以后被"穿小鞋"；不拒绝吧，又经常要把自己的私人时间拿来加班。

时间长了，悠悠发现对方给她安排的事情越来越多，她觉得憋屈极了，到底该如何友好地拒绝别人呢？悠悠觉得无人可倾诉，于是找 ChatGPT 来帮她想办法。

▶ 第一次交流：如何拒绝不合理请求

提问关键词：交代身份 + 事情过程 + 提出要求

> 你好，我是刚入职的新员工，最近因为老员工老是给我安排工作之外的事情，搞得我经常要加班，请问我该如何委婉拒绝她呢？

你好！面对这种情况，我建议你采取以下委婉拒绝的方式。

1. 明确你的工作职责和分配任务的来源，确认这些任务是否确实在你的职责范围内。如果不是，你可以向上级主管或人力资源部门寻求帮助，明确你的职责范围。

2. 温和回应：如果确定被分配的工作确实属于你的职责范围，但你觉得无法同时完成自己的工作和她的工作时，你可以温和地回应她，表达出自己目前工作任务的优先性和紧迫性，并提醒她应该独立完成自己的任务。

3. 寻求支持：如果这位老员工仍然坚持要求你帮忙，你可以寻求上级的支持和介入。向你的主管汇报情况，解释你的工作负荷和时间限制，并请求他们为你调整工作分配或者与这位老员工进行沟通。

4. 保持专业：在整个过程中要保持专业，以积极的态度与这位老员工沟通合作，尽量避免产生冲突，展示你在工作中的价值和能力，让别人认识到你的才华和贡献。

最后，记住要与同事保持良好的沟通和合作，但也要明确自己的职责范围和限制，拒绝承担不属于自己职责的工作。

有句话说：听过很多道理，但是仍然过不好这一生，其实就是因为这些道理太大了，也太空了，没办法真正运用到生活中。把这些大而空的道理，细化到具体的步骤，才能真正解决问题。下一步，让 ChatGPT 把给出的建议细化。

▶ 第二次交流：延伸提问——和领导巧妙说明

提问关键词：细化问题 + 达成目标

 好的，那么，我该如何向领导说明这个情况，既不会伤了同事之间的和气，又不会让领导觉得我在打小报告？

 当你向领导说明这个情况时，你可以采取以下策略，以保持同事之间的和谐和避免让领导感到你在打小报告。

1. 围绕工作需求进行说明：将重点放在工作需求和任务分配上，而非个人关系。强调你认识到团队合作的重要性，但也需要合理地分配工作来确保每个人都能完成自己的任务。

2. 强调资源限制和时间压力：向领导详细描述你的工作负荷和时间限制，说明你正在努力完成自己的工作，并指出如果承担其他人的工作，可能会导致自己的工作延误或质量下降，让领导明白你的顾虑是出于对工作效率和质量的考虑。

3. 提出建议和解决方案：与领导一起探讨如何更好地分配任务和资源，以满足团队的需求。提出合理的建议，如实行轮岗制度、确定工作优先级或者改进工作流程等，使得大家都能有机会独立完成自己的任务。

4. 保持客观和中立：在沟通中保持客观和中立，不对同事发表过多评价或指责。强调你对团队合作的重视，并表示愿意与同事共同解决问题，但同时也需要确保自己能够承担自己的工作责任。

通过以上方式，你可以向领导说明情况，解释你的困扰及你为保持团队关系和谐所做的努力，同时突出你想与同事共同合作的愿望。这样既能解决问题，又能维护良好的同事关系。

ChatGPT 在一定程度上可以帮助我们打开思维，有些朋友看到这里内心已经有主意了，但是有些朋友可能更希望 ChatGPT 直接给攻略。那么我们不如给 ChatGPT 一个更具体的场景！

▶ 第三次交流：拒绝习以为常的帮忙

提问关键词：交代背景 + 提出具体需求

刚刚我们公司的财务又叫我帮她算工资了，因为财务是老员工，我的直属领导一直对此睁一只眼闭一只眼，现在我不想再无偿帮忙了，请问我该如何拒绝帮忙呢？请直接给我一套话术吧。

当你决定不再无偿帮助财务算工资时，可以使用以下话术来拒绝。

"很抱歉，我不能再无偿帮忙算工资了。虽然这项工作对公司十分重要，但我需要专注于我的岗位职责，确保自己的工作能够高效完成。我认识到之前我一直帮忙是出于团队合作的态度，但也需要在我的时间和精力范围内完成自己的工作。"

"我建议我们寻找一个更合适的解决方案，如将这项工作委托给其他同事或者考虑引入专门的人力资源工具来简化流程。这样能够确保工资计算的准确性和效率，同时让每个人都能集中精力在自己的岗位上，有更好的表现。"

"我希望领导能理解我的立场，并支持我专注于自己的工作。如果我们能共同探讨并制定合理的分工和流程，那么整个团队的工作效率都会得到提升。"

在解释拒绝原因的同时，也提供了解决方案，这样也能够让领导明白你的决定是出于对工作职责和团队效率的考虑。

很多时候，因为你不敢拒绝和说明立场，所以别人把你当成了免费劳动力，给你带来种种社交困扰。因此，划分工作界限，及时亮出自己的底线和原则非常重要。

如果你不知道怎么把态度表达清楚，ChatGPT 可以帮你组织语言，站在公司的角度予以拒绝，给别人留下面子，不至于引起对方的反感。

3.2 职场新人如何向上管理

向上管理是一种逆向思维，它不是让你给领导安排任务，而是换位思考，假设你现在是领导，如何用合理的方式管理你的工作，争取更多的资源以实现目标。

接下来，我们一起来考考 ChatGPT，看看它对向上管理是如何理解的。

▶ 第一次交流：理解向上管理

提问关键词：名词 + 给出案例

请问你知道向上管理的概念吗？请帮我介绍相关的成功案例。

向上管理是组织中一种特定的管理方式，指的是下属员工向上级领导传达信息、反馈意见和请求支持的过程。它强调员工与上级之间的沟通和合作，以实现个人和组织的共同目标。

成功案例

　　1. 谷歌公司：作为全球知名的科技公司，谷歌鼓励员工向上级领导提供意见和建议，后者也会积极采纳优秀的想法和建议，共同提升组织的效率和创造力。

　　2. 星巴克公司：星巴克搭建了开放的沟通平台，员工可以通过内部社交网络和各种渠道向上级领导提出问题、建议和反馈，帮助公司及时解决问题、改进经营策略。

　　3. 丰田汽车公司：丰田倡导"丰田方式"，即"促进、规范、重视沟通"。公司通过设立各级问询机制，鼓励员工在工作中提出问题、分享经验和改进建议，实现良好的向上管理。这种管理方式使得丰田员工更具责任感和主动性，有助于提高生产效率和产品质量。

　　需要注意的是，成功的向上管理不仅仅依赖于组织的氛围和制度设计，还需要员工具备积极的沟通能力、良好的合作意识和自主处理问题的能力，建立良好的上下级关系，实现个人和组织的共同发展。

　　ChatGPT 给出的概念解释还算清晰，列举的内容也确有其事。

　　从这些案例中，我们也可以看到向上管理的积极作用。

　　从企业角度来看，实行向上管理的企业更容易激发员工的创造力和积极性，这种从下往上的智慧可以让企业更有活力和凝聚力。

　　从员工角度来看，懂得向上管理的员工将会拥有卓越高效的职业生涯，他们是用老板思维在工作，而不是把自己当成一个打工族；他们富有开拓和建设精神，懂得主动管理领导手中的资源。正如一句话所说：万物非我所有，万物皆可为我所用。

　　然而，如果你没有强调国内外的范围，ChatGPT 通常会给出国际性的案例，如果我们想要了解国内的情况，可以对 ChatGPT 进行收缩提问。

▶ 第二次交流：锁定国内向上管理的案例

提问关键词：国内职场环境 + 向上管理 + 具体场景 + 总结归纳

　　那么在国内的职场环境中，向上管理有哪些具体的场景呢？请帮我进行总结归纳。

在国内的职场环境中，向上管理的具体场景可以总结如下。

1. 员工对工作的需求反馈：员工可以向上级领导传达对工作任务、资源、培训等方面的需求和反馈，帮助上级领导了解员工的工作情况并进行相应的调整。

2. 提交工作报告和汇报：员工需要向上级领导提交工作进展报告、成果汇报或项目总结，以展示个人工作成绩、问题和建议等。

3. 寻求支持和协助：当员工在工作中遇到挑战或难题时，可以向上级领导寻求支持和协助提出解决方案，共同解决问题。

4. 提出改进建议：员工应该勇于提出对部门或组织运作的改进建议，如流程优化、效率提升、团队合作等方面的意见，并与上级领导共同商讨落实方案。

5. 反馈和沟通：员工有责任向上级领导提供对工作环境、团队协作、权责界定等方面的反馈意见，同时也需要与上级领导进行有效的沟通，让双方更好地理解对方的期望和需求。

6. 发展规划和晋升机会：员工可以与上级领导讨论发展规划，表达自己对职业发展的期望和目标，并了解晋升机会和相关要求。

7. 职业发展指导：向上级领导请教、咨询，寻求职业发展方面的建议，如提升技能、拓宽视野、打造个人品牌等。

需要注意的是，在向上管理中，员工应注重沟通方式和技巧，尊重上级的决策权，并根据具体情况选择合适的时间和方式进行沟通，以形成良好的上下级关系，促进组织效能的提升。

看完 ChatGPT 介绍的职场情景，你是不是觉得很熟悉？基本覆盖了我们的职场日常。了解完向上管理的概念和具体的做法之后，我们便可以在这些场景中去"管理"领导，让工作变成你的跳板。

接下来，我们来看一个具体的场景，帮助你更好地掌握向上管理的技巧。

假设你在一家药店上班，本来是一名销售主管，由于表现出色被领导提拔到管理层。现在领导打算派你去一个新城市负责分店的管理工作。面对一个全新的环境，你觉得有点力不从心，向领导推辞了几次，但领导表示你是最合适的人选，对你表示深深的认可与肯定。

摆在你眼前的只有两条路：要么硬着头皮接下这项任务，要么辞职。

最终你决定接受领导的安排，不过为了提升新门店的业绩，你需要一辆汽车和一个店长助理。但是你不知道如何向领导表达自己的需求，毕竟这是一笔不小的开支。怎么才能说服领导答应你的要求呢？可以让 ChatGPT 给出建议。

▶ 第三次交流：提供具体场景并寻求建议

提问关键词：交代身份背景 + 提出需求 + 寻求建议

你好，我是一家药店的销售主管，由于我过去一年的业绩出色，同时有着较高的人气，现在领导指定要我去一个新城市负责分店管理。我希望公司给我配置一辆汽车和一个店长助理，方便我更好地运营分店，促进业绩增长，请问我该如何向领导提出要求呢？

你好，作为药店销售主管，你要在新城市负责管理一个分店，希望公司能为你配置一辆汽车和一个助理来支持你的工作。以下是向领导提出要求的步骤和建议。

1. 明确你的需求：在与领导进行沟通之前，明确你所需要的资源如何能够更好地运营新的分店并实现业绩增长。例如，详细说明为什么需要一辆汽车（如方便巡店、管理分店物流等）以及助理的工作内容（如协助管理员工、处理日常事务等）。

2. 提前准备：在与领导面谈前，准备一个简洁但又具体的提案。列出你的需求并说明背后的原因，指出使用这些资源能够促进业务增长，并展示你对分店管理工作的信心。

3. 安排会议：向领导提出安排一次会议，以讨论你的新角色和资源需求。尽量选取一个合适的时间，并提前告知会议的目的，以便领导也可以做好准备。

4. 清晰表达：在会议上，清晰地陈述你现在的情况和对分店的认识，强调你的愿望和能力，同时解释你希望得到一辆汽车和一个助理的原因，以及如何利用这些资源提高分店业绩。

5. 商讨解决方案：与领导一起探讨如何满足你的要求，并表达你愿意为所任职的新岗位付出更多努力。可能需要就预算等问题进行进一步的讨论和磋商。

6. 接受反馈并妥协：虽然你对于获得所需资源可能会有很强的期望，但也要接受领导可能会给出不同的反馈。尽量与领导进行沟通，寻找能够满足双方需求的解决方案。

总之，在向领导提出资源需求时，需要清晰地陈述你的情况、需求和计划，并展示你对新角色的积极态度和承诺。与领导进行积极的沟通和商讨，以便找到合适的解决方案来支持你在新城市的分店管理工作。

看完 ChatGPT 介绍的内容后，你是不是好像懂了大致思路，但还是不知下一步具体如何展开？接下来我们直接跟 ChatGPT 要一份提案吧！这样既可以帮助你厘清思路，又可以说服决策人。

▶ 第四次交流：获得完整的申请提案

提问关键词：交代原因 + 提出需求

 因为我们公司有几个决策人，因此我需要一份完整的提案才有可能申请到汽车和助理。请给我一份具体的提案内容，让我进一步说服领导。

以下是一份具体的提案内容，可帮助你说服领导配置一辆汽车和一个助理。

1. 引言

– 简要介绍自己，包括目前的职位和工作表现。

– 提及你被指派去新城市负责一个分店的情况，并强调对此机会的重视和愿意承担更多责任的决心。

2. 背景和目标

– 解释新城市分店的市场潜力和公司在该地区的发展计划。

– 列出新分店的关键业绩目标，如销售额增长、客户满意度提高、市场占有率提升等。

3. 需求分析

– 汽车需求：详细说明为什么需要配备一辆汽车，并列举以下关键方面。

·巡店和监管：在新城市负责管理分店需要频繁巡店，对分店运营情况进行监管。

·物流管理：对分店的物资、库存和货物进行管理，确保供应链畅通。

·客户拜访：与重要客户会面、洽谈等。

– 助理需求：明确指出为什么需要一个助理，并列举以下关键方面。

·管理员工：协助处理人事管理事务、员工考勤、培训和绩效管理。

·日常事务：协助处理文档管理、电话接待、会议安排、行政支持等非核心工作，为你节省时间和精力。

·信息收集和报告：跟踪市场趋势、了解竞争对手活动，提供分析和报告支持你的决策过程。

4. 实施计划

– 提供具体的实施计划，包括所需汽车的类型和预计费用、助理的要求和任职条件等。

– 控制成本：说明你已经对相关资源的成本进行了评估，将开支控制在合理范围内。

5. 预计效益

– 解释配置汽车和助理对于分店运营和业绩增长的潜在帮助，可以包括如下几方面。

·提高管理效率：能更好地监管分店运营和客户服务质量，提高工作效率和响应速度。

·加强团队合作：助理的加入可以有效分担你的工作负荷，提升整个团队的工作效率和凝聚力。

　　·优化客户体验：更快速的物流配送和更高效的售前售后服务，增强客户满意度和忠诚度。

6. 风险与挑战

　　- 承认配置资源可能面临的风险和挑战，并提出相应的风险缓解措施，以显示你对这些问题的考量和解决问题的能力。

7. 结尾

　　- 再次重申你对分店工作的热情。

　　- 表达对领导考虑和支持的感激之情，并表示愿意进一步讨论细节。

▶ 第五次交流：万能向上管理的话术模板

提问关键词：提供话术模板 + 限制数量 + 目标

 　　请问你能给我提供 10 个万能话术，帮助我更好地向上管理吗？

 　　当与上级领导进行沟通时，以下是一些常用的万能话术，可以帮助您更好地表达和交流。

　　1. 我理解您的观点 / 决策，但是我有一些想法和建议，是否可以分享一下？

　　这种话术能够表达您对领导观点的尊重，同时表达您自己的看法并提出合理的建议。

　　2. 我正在处理一个挑战 / 问题，希望能听听您的建议或意见，以确保采取正确的行动。

　　这句话表明您在遇到困难或问题时愿意向领导寻求帮助和指导，展示了您的谦虚和学习态度。

　　3. 我了解您的时间很宝贵，但是我有一个重要的事情需要与您讨论。请问，您什么时候方便？

　　这句话既考虑到了上级的时间安排，也表达了您对待事务的重视和求助的态度。

　　4. 我正在努力实现我们的目标，但面临一些困难，希望能得到一些建议或支持，以确保高效完成工作。

　　这样的话术能够强调您在努力解决问题的同时希望得到领导的帮助，强调团队合作和共同目标的重要性。

　　5. 我已经研究了这个问题，并与相关团队成员讨论过，我们提出了一些建议 / 解决方案，请问您是否有进一步的指导或意见？

这种表达方式能够展示您已经做了一些基础性的研究和思考，希望得到领导的指导和意见，体现主动性和团队合作精神。

6. 我认为我们可以尝试一些新的方法来改进 / 优化当前的工作流程，是否可以安排一些时间讨论这个想法？

这句话表达了您对于持续改进的态度，邀请领导讨论展示了您对其意见的重视。

7. 我非常珍惜在团队中学习和成长的机会，是否可以给我一些建议或反馈，以便我能更好地提升自己？

这种方式展示了您对于个人发展的追求和求教的态度，能够得到领导的指导和建议，同时增进了双方的沟通和信任。

8. 感谢您的信任和支持，我希望能够担当更多的责任，如何能在这方面得到您的指导和支持？

这样的话术能够表达您对领导信任的感激之情，同时表达您想要承担更多责任的愿望，以便展开进一步的讨论。

9. 我认为我们可以从过去的经验中学到一些经验，并将其应用于当前和未来的工作中，是否可以共同回顾和总结这些经验？

这样的话术能够展示您对于学习和反思的态度，同时邀请领导一同参与，促进团队的发展。

10. 我被负责安排这个任务 / 项目，但我希望了解您对于任务的具体要求，以便我可以更好地规划和执行。

这种话术能够表达您对于明确目标和期望的重视，显示您希望与领导进行更深入的沟通，以保证工作顺利进行。

以上万能话术能够帮助您更好地与上级领导进行交流和沟通，促进合作，取得良好的工作结果。请根据具体情况选择适合的话术。

通过一系列的演示，相信你已经清楚了向上管理的含义，即寻求领导的建议、技术和资源支持，帮助我们在公司快速成长，实现目标。

向上管理不是谁都做得来，如何合理地提出需求，传递自己的观点，让领导愿意采纳自己的建议，已经难倒了不少人。

有了 AI 的帮助，相信可以让我们找到问题的破局点，实现职场突围。

04

AI 是营销文案的百晓生

内容创作一直是热门行业，一篇文章，一条音频，一个视频都可能带来巨大的影响力。

有质量、高效率地创作也成为内容创作者的共同梦想。有人预测，AI 的出现，会让大部分内容创作者丢失饭碗，甚至已经有新闻报道了这样的事实。但是我们完全没必要焦虑，我们要认识到 AI 取代的不是内容创作者，而是那些不会使用它的人。

试想别人用 AI 一天能完成几十条内容，而你一条文案就要想半天，不淘汰你，淘汰谁?

工欲善其事，必先利其器。与其等到人人都在用 AI 时才来改变，还不如趁早学习，甩掉大多数同行。这一章我们来学习如何借助 AI 来取标题、写热点文案、朋友圈文案、视频文案以及直播话术。

ChatGPT

4.1 生成爆款小红书标题

标题是内容的灵魂，也是留给读者的第一印象。如果我们想要让内容有更大的曝光率，首先就要取一个好标题。很多朋友写好了一篇文章，却往往不知道如何取标题，现在就让 ChatGPT 帮我们出谋划策吧。

假设你是一名文案工作者，现在打算写一篇直播干货文发布到小红书，但是思来想去没有特别合适的标题，不妨让 ChatGPT 来帮一帮你吧。

▶ 第一次交流：帮忙取标题，要求有悬念和冲突感

提问关键词：内容主题 + 平台风格 + 标题数量 + 有悬念和冲突感

> 你好，我想写一篇关于直播的 9 个技巧的文章，可以按照小红书风格帮我取 10 个标题吗？要求有悬念和冲突感。

当然可以。以下是一些可能适用于你的"直播的 9 个技巧"主题的标题，这些标题旨在增加悬念和冲突感。

1. 直播达人的秘密武器：9 个技巧让你爆红！
2. 从今天开始，教你运用这 9 个技巧成为直播新偶像！
3. 失败的原因就在于……看看这 9 个技巧你缺了哪个？
4. 直播不好意思问的 9 个问题，专家为你解答！
5. 直播这样做，分分钟受众超百万！
6. 如何避免直播尬聊？揭秘直播达人的口播秘诀！
7. 主播最怕万一，这 9 个技巧帮你躲过千万倍的风险！
8. 靠谱主播应有的 9 个能力，你都有了吗？
9. 直播新手必读！9 个技巧教你迅速突破困局！
10. 摆脱流量倒挂？这 9 个技巧让你稳坐直播之王宝座！

这 10 个标题或许有你喜欢的一个，但是不建议大家完全照搬，我们可以把每一个标题的长处萃取出来，形成一个组合式的新标题。例如，第一个标题"直播达人的秘密武器：9 个技巧让你爆红！"和第六个标题"如何避免直播尬聊？揭秘直播达人的口播秘诀！"我认为都不错，这时候我可以把第一个标题的后半句和第六个标题的前半句进行组合，形成一个新的标题："如何避免直播尬聊？9 个技巧让你爆红！"

这样做有两个好处：一是可以避免同质化标题，不排除有些朋友和你一样用 ChatGPT 生成

标题，如果大家都照搬不误，那么很容易出现同款标题；二是对于夸张的表达我们可以选择忽略不用，以避免被平台判定违规。

通过标题的介绍，我们可以看到，关于直播主题，ChatGPT 竟然还有这么多选题灵感。我们不妨和它来一场头脑风暴，看看会碰撞出什么火花。

▶ 第二次交流：延伸选题内容——了解小红书用户的搜索习惯

提问关键词：平台用户 + 经常搜索 + 限定主题

 小红书用户经常搜索直播技巧的哪些问题？

 根据我的观察和数据分析，小红书上的用户经常搜索关于直播技巧的以下问题。

1. 直播的基本准备工作包括哪些？
2. 怎么提高直播的流畅度和画质？
3. 直播如何避免尴尬和失误？
4. 如何吸引更多观众观看直播？
5. 直播需要注意哪些法律风险和版权问题？

当然，这只是其中的一部分，还有其他具体问题可能会因为用户需求不同而有所变化。

通过 ChatGPT 的介绍，我们可以快速掌握热搜选题，之后高效产出内容，不断试验，总结出爆款内容的规律。

要知道，如果我们靠自己慢慢搜索热搜选题，效率就太低了，我们要懂得借助工具来实现高效创作。

前面 ChatGPT 已经帮我们总结了爆款选题，不如进一步让它总结出一套标题供我们参考吧！

▶ 第三次交流：9 个爆款小红书标题

提问关键词：平台限定 + 主题提示 + 标题数量

 好的，请根据"直播的 9 个技巧"这个主题，帮我取 9 个爆款小红书标题。

 好的，以下是 9 个爆款小红书标题，主题是直播的 9 个技巧。

1. 直播新手也能学会！9 个实用技巧揭秘

2. 如何打造一场高质量直播？9 个技巧提升观众体验

3. 直播内容创作，这 9 个技巧必备！

4. 直播如何提升观众留存度和转化率？9 个小技巧绝不可少

5. 直播 IP 打造，这 9 个技巧帮你成为"网红"

6. 直播进阶必看！9 个专业技巧助你提高曝光率

7. 直播如何防止尬聊和失误？这 9 个技巧可助你一臂之力

8. 善用这 9 个技巧，营造与众不同的直播氛围

9. 直播营销必备技能，这 9 个技巧值得拥有

ChatGPT 可以根据用户的搜索习惯，快速总结出一套可复制的标题。这时候我们只需根据 ChatGPT 给出的标题，直接构思内容就可以，再也不需要为每天要写什么内容、取什么标题而烦恼了。

当然，以上 9 个标题肯定支撑不了长期的创作，对于日更选手来说，可能 9 天就写完了。这时我们可以把某个具体的标题进行延伸，用一个标题裂变出 10 个、100 个甚至 1000 个相关标题，不断细化大的场景，帮助客户解决更具体的问题，使得你的内容更加垂直和聚焦。

例如，我觉得第六个标题就很不错，接下来让 ChatGPT 来帮我们延伸更多标题吧。

▶ 第四次交流：根据具体标题进行延伸

提问关键词：根据某个标题 + 标题数量 + 突出实用价值 + 夹带关键词

> 根据第六个标题，帮我取 10 个更细分、更聚焦的标题，要求突出实用价值，夹带有效关键词。

好的，根据第六个标题"直播进阶必看！9 个专业技巧助你提高曝光率"，以下是 10 个更细分、更聚焦、突出实用价值的标题，同时夹带有效关键词。

1. 如何迅速提高直播曝光率？这 9 个小技巧不容错过。

2. 直播新手必看！从这 9 个角度优化直播质量，曝光肯定会上去。

3. 直播经验不足怎么办？这 9 个技巧，让你也能为直播流量贡献一份力。

4. 别再让直播没人看了！这 9 个科学技巧，让直播曝光率飞涨。

5. 直播曝光率不够？看完这 9 个技巧，你会对直播有新的认知。

6. 直播曝光率不理想？看看这 9 个让观众惊叹的提高曝光率的方法。

7. 直播推广不知从何下手？这 9 个技巧让你事半功倍。

8. 直播不受欢迎？试试这 9 个方法，改变你的直播命运。

9. 想成为直播界的大咖？这 9 个技巧帮你增加流量。

10. 想提高直播收益？这 9 个小技巧帮你走上事业巅峰。

围绕"直播曝光率"这个关键词，ChatGPT 可以不断深挖出更多相关的场景。例如，直播没人看怎么办，直播推广怎么实操，直播经验不足怎么提升，直播新手如何优化直播质量等。看完之后思路是不是开阔了很多？

当我们不断调教和训练 ChatGPT，ChatGPT 也在不断学习和总结爆款标题的规律，这时候我们可以让它总结一份"标题指南"。

▶ 第五次交流：总结小红书爆款标题的规律

提问关键词：限定平台 + 爆款标题 + 总结规律

 那么，你可以帮我总结小红书爆款标题的规律吗？

 小红书的爆款标题通常具有简短、有趣、富有吸引力等特点，同时能够突出产品或主题的卖点，让读者产生购买或了解的欲望。以下是小红书爆款标题的一般规律。

1. 以数字为主题：如"10 个必备化妆品""5 款网红口红推荐"，数字能够吸引人的眼球，并提示读者文章的内容和长度。

2. 引用名言格言：如"愿你眼前的每个花开，都是你想要的模样"，名言格言的使用能够引起用户的兴趣和共鸣。

3. 描述个人经历或感受：如"我用这款护肤品竟然看起来比同龄人年轻了十岁"，通过分享真实的个人经历或感受，增加可信度和吸引力。

4. 添加幽默元素：如"你见过这样'一辆'小猫吗？"，添加幽默元素可以增加趣味性，使得文章更容易被分享。

5. 直接表述卖点：如"遮瑕棒零失败！细节做到极致，秒变妈生好皮"或"一只唇膏维持五小时，从此告别补妆烦恼"，这样的标题直接点出产品的卖点，突出优势。

总之，小红书爆款标题以独特、吸引人的方式吸引读者的眼球，让读者对内容产生兴趣，具体格式可根据主题和目标读者群体进行调整。

为什么 ChatGPT 已经给了我们现成的标题，还要让它总结爆款标题的规律呢？

如果说上面 ChatGPT 给的标题模板是"术"，掌握爆款规律则是底层的"道"。只有当我们掌握了根本逻辑之后，才能在这个基础上进行千万种变化，从而形成一套创作逻辑，让工具为我所用，但不形成过度的依赖。

通过和 ChatGPT 的五次交流，相信你对取标题的方法和逻辑已经有了深入的认识，也已经在脑海里形成思路。但是如果还想进一步深挖，你可以把爆款标题的逻辑进行分析和比较，把每一类标题案例彻底吃透。

▶ 第六次交流：整理出爆款标题并加以分析

提问关键词：总结整理 + 标题数量 + 分析优点和技巧

> 🧑 好的，非常感谢！请再帮我总结整理出自媒体领域的 20 个爆款标题，并分析它们的优点与技巧。

 好的，以下是自媒体领域的 20 个爆款标题及其优点与技巧，展现在表格中。

标题	优点	技巧
如何让你的媒体号吸粉爆红？	能够吸引读者的好奇心和兴趣	在标题中明确指出内容，并加入生动的词汇进行修饰
短视频营销的秘密：30 秒内让用户快速记住你	吸引目标读者，向他们提供关于短视频的相关信息，同时解决短时间内如何让用户记住的问题	将关键字放在前面，快速抓住读者的眼球，增加点击率
【干货】吸粉秘诀：每天发消息，一个月吸粉 1 万 +	能够吸引有志在自媒体领域深耕的读者	使用连续的符号来吸引读者的眼球，融入数据来证明分享者的实力
自媒体账号如何做到轻松日更？	解决了自媒体人的核心难题	使用疑问句吸引读者的注意力，引导读者阅读正文寻找解决方案
10 分钟讲透知识付费	提供一种行之有效的方法，节约读者时间，快速了解和学习相关内容	可以使用强调时间的方法吸引读者，同时也要强调分享的重要性，并注意语言的简洁明了
运营技巧：如何让自媒体账号日增 100+ 粉丝？	为读者解决了自媒体运营难题	使用数字吸引读者的目光，同时在标题中用简单而有表现力的词汇来展示文章的价值
明星花絮：揭秘明星付费热度背后的真相	利用明星效应提高文章的曝光率，吸引读者的目光	根据明星的话题选择相关的关键字，在标题中使用能引起读者好奇心的词汇

（节选部分内容）

ChatGPT 可以通过上下文联系，层层递进地与人类形成一种交互性沟通。这种沟通可以打开我们闭塞的思路，让我们以更全面的视角来提升认知，彻底掌握某个领域的内容。

而这种深度的交流，只有通过不断提问与延伸才能做到，如果你只告诉 ChatGPT "帮我写某个主题的标题"，那它的作用必然有限。倘若你没有发散思维，无法不断提出新问题的时候，ChatGPT 也没办法自己产生回答。

反观那些懂得交流的高手，他们会通过 ChatGPT 的反馈不断对问题进行深挖，由浅入深地揭开问题的本质，把 ChatGPT 当成一种训练思维和深度学习的方式。因此，我们一定要反复琢磨和思考每节内容的提问思路和关键词，然后进行实操，这样才能真正掌握 ChatGPT 的使用方法。

4.2 撰写热点文案—搭子文化

素素是一位 90 后写手，她经营着自己的新媒体账号，每天发布一些 "短平快" 的内容，写作成本低，又不影响主业，每天可以获得几十块到几百块的副业收入，她做得乐此不疲。她发现大家对于热点的关注度非常高，因此她决定把自己的创作定位和热点结合起来。作为生活频道的写作者，最近她发现搭子文化的话题很火，因此她想写一写这方面的内容，ChatGPT 是否能给她带来一些启发呢？

▶ 第一次交流：提问热词概念

提问关键词：热词 + 相关说明

你好，你知道最近在年轻人当中很流行的 "搭子文化" 吗？比如吃饭搭子、旅行搭子、喝茶搭子？

是的，我了解 "搭子文化" 这一流行的文化现象。"搭子文化"（也称 "套娃文化"）源于日本的 "社交搭配" 现象，在中国年轻人中逐渐普及，成为一种展现个人品位和生活方式的文化。其中，"搭子" 指的是可以搭配的各种东西，如吃饭搭子、旅行搭子、喝茶搭子等。

在吃饭方面，搭子文化通常体现在追求食材的搭配和美感，如采用原创菜谱，在配菜上注重颜色搭配等。旅行方面，搭子文化则强调出游的主题和氛围，如选择与目的地有关的服装、物品和拍照角度。对于茶文化爱好者而言，搭子文化也能够展现出品位和独特性，如收集具有纪念意义的茶具，挑选富含文化内涵的茶点等。

总的来说，"搭子文化"强调个人化、品质化及有品位的价值观，代表了当下年轻人对生活方式的新认知和追求。

这段解释并不准确。搭子文化指的是现代年轻人喜欢组团吃饭、旅行和逛街等，但不深入彼此生活的交友方式。搭子文化倾向于情感陪伴和浅层关系，可以和亲密关系形成补充。这种不远不近的社交关系，可以满足年轻人渴望社交的需求，但又不需要付出太多精力，能够保持自我空间与社交需求的微妙平衡。

搭子文化这么流行，为什么ChatGPT的解释会出现偏差？这就要从ChatGPT的滞后性说起了。直白来说，ChatGPT只能理解2021之前的事情，对于2021之后的事情还有待训练，尽管网上有一种说法是ChatGPT 4.0已经可以追踪到实时热点，但实操中仍然存在一定的延迟，因此对搭子文化这种新兴关系的理解存在偏颇也是情理之中。不过，随着硬件技术和训练算法的不断进步，也许有一天它能够和社会热点保持同步。如果你提问的内容已经超出ChatGPT的理解范畴，可以先给ChatGPT"喂养"信息。

▶ 第二次交流：喂进资料 + 输出新观点

提问关键词：提供资料 + 输出观点

"成长在互联网时代的 90 后、95 后、00 后等年轻人逐渐步入婚恋市场，他们对伴侣的要求更高，注重双方是否志趣相投。很多人宁愿选择单身，也不愿意将就。现在单身年轻人越来越多，但人是群居动物，每个人都有陪伴的需求，年轻人也不例外。为了摆脱孤单，他们开始在网络上寻找搭子，如饭搭子、旅游搭子、观影搭子等。各种搭子让他们不仅能摆脱孤独，还能获得交友的快乐。搭子文化由此诞生。"

这是我在网上看到的一篇报道。请认真阅读后告诉我，你对现在年轻人流行的搭子文化怎么看？

作为一个 AI，我并没有自己的看法和价值观，但是可以客观地解释一下为什么年轻人喜欢搭子文化。

随着互联网和移动设备的普及，年轻人开始寻求更多的社交方式。在这个过程中，搭子文化应运而生，它与传统的婚恋交友方式有所不同，更加便捷、自由和多样化。搭子文化不再强调情感压力或责任感，而是强调共同的兴趣爱好和生活方式，以及通过线上沟通建立交流和关系。

此外，搭子文化还与当今年轻人的价值观息息相关。对于他们而言，单身并不代表孤独和无趣，相反，他们更注重个人成长、自我实现和自由选择。因此，为了避免牺牲自我的价值和兴趣，他们更愿意选择一种无压力的社交方式，尤其是在网络上找到有共同爱好的"搭子"，一起玩耍、旅行，分享快乐和见闻。

总之，搭子文化成为一种流行的社交方式并非偶然。它符合现代年轻人的价值观和生活方式，提供了一种新的、有趣的社交方式，更加自由、未来化和开放。

显然，ChatGPT 不仅理解了搭子文化的正确含义，而且还延伸了一些新的观点和看法，而不是止步于人类喂养的信息。它不单单提到了搭子文化现象是怎么产生的，还提到了这种文化背后所反映的年轻人的价值观，并总结搭子文化具备自由、未来化和开放的特点。由此可见，ChatGPT 的理解能力和输出能力兼具深度与广度。

你给它提示 A，它可以延伸出 A+1，A+2，A+3。

为了试验 ChatGPT 到底有多好用，我们可以提出更复杂的问题。接下来，我们结合两个热点一起来考考它！就拿当下流行的搭子文化 + 围炉冰茶做例子吧。

▶ 第三次交流：提供具体场景并输出文案

提示关键词：提供场景 + 主题要求 + 字数限制 + 要求

根据搭子文化，再结合当下"围炉冰茶"这个热点，帮我写一段 300 字的文案，语言要轻松幽默，通俗易懂。

最近你是不是也被"围炉冰茶"的热点包围了？这个现象实际上和我们国家的搭子文化有着密不可分的关系哦！在中国传统建筑里，每个房子都有一个灶台，灶边围坐的家人朋友们生火烹茶，围炉而坐。搭子也是来自这种围坐的文化，因为大家一起做一件事，离得很近，所以大家称呼彼此为"搭子"。

而现在，即使我们已经摆脱了传统建筑的束缚，但这种围坐的文化依然流传至今，并演变成了"围炉冰茶"。

围炉冰茶，顾名思义就是在炎热的夏天，大家围在一起喝冰凉的茶。这既保留了围坐文化的特点，又满足了当下对于消暑降温的需求。在街头巷尾，随处可见聚在一起喝着冰茶、吃着西瓜、聊着天儿的人。

所以说，围炉冰茶不仅仅是解暑利器，更是一种文化形式。在这个夏天，快召唤你的搭子们围在一起，好好享受这份凉爽吧！

这段文案巧妙地把围炉冰茶的由来和发展做了初步的解释，并且把搭子文化和围炉冰茶很自然地联系起来，同时又加入场景化的描述"在街头巷尾，随处可见聚在一起喝着冰茶，吃着西瓜，聊着天儿的人"，一下子就让人有种身临其境的感觉。无论是现象的历史挖掘，还是对文案的精准刻画，ChatGPT 做得都还算不错。

这里要提醒大家，想要 ChatGPT 写出更好的文案，千万不要干巴巴告诉它"请帮我写一段搭子文化相关文案"。

这么简单的提问，很难让 ChatGPT 写出有深度的内容。我们可以给 ChatGPT 提供一个场景，一种具体的文案风格，如轻松幽默的、严肃犀利的、华丽细腻的，都可以。

你的要求越具体，ChatGPT 越是可以给你创造更多惊喜！

掌握了好的方法之后，我们就可以在这个信息爆炸的时代，提升内容输出的效率和质量。要知道，互联网热点层出不穷，我们很难面面俱到关注到这些信息，更别说快速产出优质的内容。幸运的是，我们可以利用 ChatGPT 来写一些热点现象，及时输出内容，为用户带来最新推送。

4.3 写小红书爆款文案

近年来，小红书成为创作者聚集的大流量平台。商家与创作者之间的紧密联系，也使得平台发展越来越繁荣，很多创作者都想加入小红书分一杯羹。

早期平台内的竞争还不是那么激烈，现在随着市场的饱和，内容的竞争逐渐进入白热化阶段。如何输出更优质且更符合市场趋势的内容，是创作者普遍面临的一大难题。

我有一个客户就遇到了这样的问题，作为开了十年实体店的创业者，她尝试过很多赛道并且都取得巨大成功，唯独让她写几篇小红书文案，一周都完成不了。每次看到我就好像看到救命稻草，恨不得有一键输送的功能，把我脑子里的文案创意复制到她身上。

为了解决她的问题，我把用 ChatGPT 写作的方法教给她，才花了三天时间，她就搞定了几百条文案。经营两个账号的她，每周只需要 1 个小时，就能准备好一个月的文案。想要成为高效产出者，需要掌握以下提问技巧。

▶ 第一次交流：总结小红书文案特点

提问关键词：平台提示 + 总结文案特点

> 🙎 你好，你知道小红书这个平台吗？请帮我总结小红书文案的特点。

小红书是一个社交电商平台，以分享购物心得和生活方式为主。在小红书上，文案的特点包括以下几点。

1. 精致简洁：小红书的文案很注重排版，大量使用短句、段落缩进等方式来呈现文案，增加可读性，增强视觉效果。

2. 趣味性：小红书的文案往往有着轻松、幽默的语调，具有强烈的传播力，能够吸引更多用户关注。

3. 实用性：小红书的文案不仅要有趣味性，还要有实用性。小红书用户对商品的质量和效果有非常高的要求。因此，在进行文案策划时，要注重商品介绍和使用心得分享，提醒并帮助消费者选择好的商品。

4. 差异化：小红书的用户很注重自己的个性和品位，因此，在文案中应该突出产品或服务的独特卖点，以满足用户个性化需求。

对于小红书平台的特点，ChatGPT 全面而简洁地概括出来了，这一步可以为我们后续的提问打好基础。

假设你是一个服装创业者，现在要加入小红书，输出专业的知识来吸引客户的眼球，提升线下店铺的营业额。但是你没有任何自媒体运营经验，面对面交流可以和顾客说一大堆话，但想写成文案就比较困难。现在我们让 ChatGPT 来帮你打开思路，以"多巴胺穿搭"为主题来进行创作。

将"多巴胺穿搭"的具体解释发送给 ChatGPT，帮助它记忆和理解这一概念，随后就可以让它精确地产出文案，而不用担心它由于缺乏相关知识而胡编乱造了。接下来，我们让 ChatGPT 根据资料进行信息提炼，以便它更好地理解多巴胺穿搭，为后续的写作做好准备。

▶ 第二次交流：提供资料并让其总结特点

提问关键词：提供资料 + 总结特点

"多巴胺穿搭是一个网络热词，是指通过服装搭配来营造愉悦感的穿搭风格。"这是网上关于多巴胺穿搭的解释，请帮我总结多巴胺穿搭的特点。

多巴胺穿搭的特点如下。

1. 强调愉悦感：多巴胺穿搭的目的是通过服装搭配来创造愉悦感。它致力于让人们在穿着过程中感觉到快乐、自信和充满活力。

2. 融入积极情绪色彩：多巴胺穿搭通常采用明亮、鲜艳的色彩，如鲜红、亮黄和鲜艳的蓝色等，以增强穿着者的心情愉悦度。

3. 善用图案和细节：多巴胺穿搭可能会运用抽象的、富有趣味性的图案和细节设计，以吸引他人眼球，增强穿着的趣味性。

4. 强调舒适度和自我表达：多巴胺穿搭注重服装的舒适感，更倾向于个性化的选择，使每个人都能找到适合自己的风格。

5. 增加自信和积极意识：穿着多巴胺风格的服装可以唤起穿着者内心的积极情绪，从而改善整体心理状态。

总而言之，多巴胺穿搭旨在通过服装表达积极的情绪和享受穿着的乐趣，以提升个人的心理愉悦感。

ChatGPT 很好地解释了多巴胺穿搭为什么会快速走红——它一定程度上可以提升人类的愉悦感和生活乐趣，这给我们写文案提供了一个新的视角。

如果我们只知道提供一些穿搭技巧，那可就太肤浅了。我们应该更深层地切入读者的穿搭心理，给读者一种"被理解""说到心坎儿去了"的感觉。

这样，文案和读者之间自然而然建立起了一种身份认同与情感共鸣，提升转化率也就水到渠成了。

▶ 第三次交流：赋予身份并要求写小红书文案

提问关键词：赋予身份 + 提示主题 + 写作要求 + 字数限制

    总结得非常棒！现在你是一位专业的写手，请帮我写一条多巴胺穿搭的小红书文案，文风积极向上，通俗易懂，具备一定的专业知识，字数在 500 字左右。

标题
展现时尚魅力的多巴胺穿搭！一起开启新时代的潮流之旅吧！

正文
大家好，我是你们的时尚顾问。今天我想和大家分享一种令人兴奋的穿搭风格——多巴胺穿搭！这是一种充满活力、表达个性的穿搭方式，可以让你散发出自信的光彩。快跟我一起来探索这个引领时尚潮流的新选择吧！

让我们先来了解一下"多巴胺"这个名字的由来。多巴胺是一种神经递质，它能够引发我们内心的愉悦感，激发我们积极向上。多巴胺穿搭以这种积极向上的态度为理念，将时尚元素融入我们的日常着装当中。

多巴胺穿搭的基本原则是活力、个性和自由。无论是色彩的搭配还是款式的选择，都充满了创意和独特性。例如，你可以选择具有鲜艳色彩的上衣，搭配与之相呼应的亮色裤子或短裙，为整体造型增添活力和亮点。不仅如此，你还可以尝试将不同风格的服饰进行混搭，创造自己独特的时尚风格。

在多巴胺穿搭中，流行元素和个人风格的结合至关重要。你可以关注当前的时尚趋势，但同时也要注重选择适合自己的穿搭风格。例如，如果你是一个运动迷，可以选择一件运动衫，搭配运动裤和休闲鞋，展现出活力四射的时尚态度；如果你热爱古典风格，不妨尝试将传统元素与现代时尚进行融合，创造出一种别具魅力的穿搭风格。

多巴胺穿搭的另一大特点是注重细节。细节决定成败，一个巧妙的细节处理可以让整个穿搭更加出彩。你可以选择一款有特色的配饰，如时尚的墨镜、流行的背包或独特的发饰，为整体造型增添个性；同时，还可以选择一款适合自己的发型和妆容，让整体形象更加完美。

最重要的是，多巴胺穿搭需要我们保持积极向上的心态。时尚是一种态度，是一种表达自我的方式。采用多巴胺穿搭，你将不仅仅是一个时尚的风尚代言人，更是传递着正能量、积极面对生活的时尚 ICON（偶像）！

多巴胺穿搭，一种充满活力、表达个性的时尚风格，让你在穿搭中展现出自信与光彩，发掘自己的时尚潜力，一起开启新时代的潮流之旅！让我们用多巴胺穿搭点亮生活，展示我们的个性和魅力！

这条文案解释了多巴胺穿搭的亮点和技巧，但是如果我们想要持续吸引读者，还需要提供一些具体的案例。接着我们来让 ChatGPT 写一条关于明星多巴胺穿搭的文案。

▶ 第四次交流：列举案例并总结技巧

提问关键词：列举案例 + 总结技巧 + 字数限制 + 适合平台

请列举明星的多巴胺穿搭案例，并总结多巴胺穿搭技巧，要求字数不超过 500字，适合小红书用户阅读。

明星的多巴胺穿搭案例

1. 柯某：这位演员经常在红毯上展现他独特的多巴胺穿搭。他喜欢搭配鲜艳的色彩，如红色或紫色的西装外套，与白色衬衫和黑色裤子进行撞色搭配。他还会选择一些另类的配饰，如独特的眼镜或领带，进一步突出他的个性风格。

2. J 某：作为一位流行音乐歌手和演员，J 某经常在她的舞台表演和日常穿搭中展现多巴胺穿搭。她经常以黑色和白色为主色调，服饰的设计和细节处理上充满了创意和个性。她喜欢搭配不同材质的衣物，如丝质连衣裙搭配皮革外套，或者宽松的西装裤搭配丝质的上衣。

3. 杨某：作为中国的知名演员和时尚 ICON，杨某经常展现她个性鲜明的多巴胺穿搭。她喜欢选择大胆的色彩搭配，如红色和金色、紫色和橙色等。她也非常注重细节的处理，会选择一些特别的配饰，如个性化的耳环、项链和手表。此外，她也经常尝试不同的发型和妆容，使整个造型更加完美。

4. 奥利某：作为一位美国歌手和演员，奥利某经常展现她独特的多巴胺穿搭风格。她喜欢选择鲜艳的色彩，如粉红色、黄色和绿色，搭配她的个性化衣物和配饰。她还会选择一些时髦的服装款式，如超长的外套、宽松的裤子和独特的鞋子，展现她充满自信的时尚态度。

技巧总结

－ 多巴胺穿搭的基本原则是活力、个性和自由。在选择服饰时，可以尝试鲜艳的色彩搭配或混搭不同风格的衣物，展现出个性和创新。

－ 关注当前的时尚趋势，但同时也要注重选择适合自己的穿搭风格，选择与自己个性相匹配的衣物和配饰。

－ 注重细节的处理，选择一些个性化的配饰和特别的细节设计，让整个穿搭更加出彩。

－ 保持积极向上的心态，时尚是一种态度，是一种表达自我的方式。以多巴胺穿搭展现自信的光彩，成为时尚 ICON，传递正能量。

ChatGPT 列举了 4 个明星案例，并贴心地帮我们提炼了方法论。

这种案例＋干货的结构，可以让读者更好地代入场景，容易理解和接受我们的观点，也让内容有了更强的可读性。如果内容只有一堆干货，读者容易产生阅读压力。

通过上面的演示，相信大家对如何利用 ChatGPT 输出文案已经清楚了。但是我们需要精准到特定的人群，解决他们的穿搭痛点，在这个基础上输出的文案，才会直击人心，很容易受到粉丝的认可和关注。

▶ 第五次交流：提供具体场景并输出文案

提问关键词：精准人群＋穿搭痛点＋总结方法＋输出文案＋目标要求

> 很多职场新人要么把自己穿得非常老气，渴望给人一种成熟稳重的印象，要么就是打扮得非常学生气，显得很没气场，经常被当成职场透明人。关于职场新人的穿搭痛点，请问有什么方法可以解决吗？请根据职场人的穿搭痛点，帮我写一条小红书文案，要求内容犀利又不失专业，让人看完就有下单的冲动。

职场新人一秒变潮流达人,气场满分如何做到?

职场新人不知如何穿搭?别担心,让你一秒变身潮流 ICON 的秘诀揭晓,气场满分! 不再老气横秋,更不会满是学生气!

首先,摒弃传统束缚,敢于尝试新鲜的风格与配色。用大胆的色彩和流行元素为你的衣橱注入活力与个性,让你与众不同,成为职场的焦点!

其次,别小瞧细节的重要性!选用精致的配饰和特别的细节设计,立刻提升整体气质。别忘了选择合身的裁剪和有质感的面料,打造职场 LOOK(风格)的精致质感,让自己气场爆棚!

最重要的是,职业与时尚并不矛盾。用自己的穿搭诠释独特的个性和态度,展现自信与专业的形象,可以让你脱颖而出,成为同事们羡慕的焦点!

立刻点击下单,让自己成为职场时尚风向标! # 职场潮流 # 闪耀职场新人

文案开头点出职场新人的穿搭痛点,之后提出了解决方案:尝试新的风格与配色,选择精致的配饰来提升细节感和时尚度,给读者提供了具体的方法,最后用号召行动的语句敦促用户下单。这是小红书文案的三段式写作结构,从标题、正文到末尾的"# 话题",基本面面俱到。我们只需对文本稍做调整就可以直接使用。

4.4 爆款视频文案 + 剪映生成素材

视频文案的特点是短小精悍,节奏快、全程无废话,内容生动鲜活,与画面相辅相成,这难倒了很多内容创作者。

要把内容写长比较容易,但是要把内容写短,还要有理有据、突出重点,那可就非常考验创作者的文案功底了,很多时候稍不留神,字数就超了。对于这类有写作框架、字数又少的内容,其实用 ChatGPT 来写是不二之选。

这一节,我们来学习如何用 ChatGPT+ 剪映输出视频文案,智能生成素材,快速打造优质视频。

仍旧假设你是一位服装创业者,想经营好自媒体,通常不能只用文字笔记,同时也需要通过视频来增强内容热度,以更好地提升账号的权重,这也是视频时代下的一种创作之道。

那么,如果除了输出服装内容,偶尔也穿插一些生活类的笔记,这样大家对你的印象就不只停留在卖衣服上面,对于你是什么样的人,有着什么样的性格和价值观,也有了更具体的了解。对于内容创作者来说,这也是一种打造人设的绝佳方法。因此,你打算增加一个生活类的分享,

比如作为实体创业者和职场妈妈，她平时是怎么完成多角色任务，做好精力管理的？这类话题既不会偏离你作为服装创业者的定位，又可以丰富账号形象，吸引同类型的女性关注，从而实现以人带货的目标。

▶ 第一次交流：提供视频选题

提问关键词：介绍身份 + 交代背景 + 内容目标 + 视频选题

 你好，我是一个职场妈妈，平时在打造个人品牌和经营实体店，现在想丰富自己的人设，多元化地输出内容，有什么视频选题作为参考吗？

 作为同时在打造个人品牌和经营实体店的职场妈妈，您可以考虑以下视频选题作为参考。

1. 职场妈妈的精力管理技巧：分享如何高效管理精力，以及平衡工作与家庭生活的经验和技巧。

2. 职场妈妈的事业启示录：讲述个人创业或事业发展过程中的困难、挑战及成功经验，给其他职场妈妈以启发和鼓励。

3. 创业故事分享：邀请其他成功的职场妈妈来分享她们的创业故事和经验，从中获取灵感。

4. 家庭与事业的平衡之道：探讨如何在职场和家庭之间找到平衡，如何在照顾家人的同时追求自己的事业目标。

5. 子女教育心得分享：分享在子女教育方面的心得和方法，鼓励其他职场妈妈成为全面发展的母亲。

6. 时尚穿搭与形象管理：分享职场妈妈的时尚穿搭技巧和形象管理经验，帮助其他职场妈妈在工作中展现专业、自信的形象。

7. 职场妈妈的兴趣爱好：介绍职场妈妈在工作之余的兴趣爱好，如瑜伽、烘焙、手工等，鼓励其他妈妈也注重培养自己的兴趣爱好。

8. 健康生活指南：分享保持健康身心的方法和习惯，包括饮食、运动、心理健康等方面的建议。

9. 实体店经营心得分享：介绍实体店经营的心得，包括选址、产品选择、店面布置等方面的内容。

10. 同行业合作与交流：邀请相关行业的人士进行合作与交流，共同探讨行业发展趋势，分享经验。

这些视频选题可以从不同角度展示您的多面形象，同时提供实用的经验和知识，帮助您丰富个人品牌并吸引更多的目标受众。

这些选题内容具备了多元化的特点，又和服装创业者的定位比较契合，算得上不错的选题。现在我们选择其中一个选题来进行内容延伸，就以精力管理为例，让 ChatGPT 帮忙写脚本吧。

▶ 第二次交流：输出视频脚本

提问关键词：输出视频脚本 + 字数限制 + 主题 + 目标要求

你好，请帮我写一个视频脚本，不超过 300 字，主题是精力管理，要求摄影师看完这个脚本就能帮我拍视频。

开头：嗨，大家好，今天我们来聊一下精力管理。作为现代人，我们不仅要管理时间，还需要管理精力。对于工作、学习、生活，精力管理不可或缺。那么，如何做好精力管理呢？

序言：自我认知。我们需要了解自己的精力状况。每个人的身体状态、心理状况各异，需要根据自己的具体情况制订精力管理计划。

画面：出现一个人在疲惫的工作状态下，目光呆滞地坐在电脑前。

第一部分：如何维持良好的身体状态？

睡眠充足。充足和优质的睡眠是维持身体合理状态的关键，每天保证 7~8 小时的睡眠，避免晚餐后摄入过多咖啡因或糖，以及躺在床上长时间使用电子设备等，都有助于改善睡眠。

画面：出现一个人在正常作息周期下睡得很香的场景，环境安静、舒适。

多锻炼、注意饮食。适当锻炼，让人更有活力。高热量、油腻或者高糖的食物使人容易感到疲惫、衰弱。

画面：出现一个人在健身房进行肌肉力量锻炼的场景，挥汗如雨。

注意放松。休息也是提高工作效率的重要方式。我们可以尝试一些放松的活动，比如冥想、阅读、听音乐。

画面：出现一个人在享受瑜伽课程的场景，身体和心灵都彻底放松下来。

第二部分：如何维持良好的心理状态？

培养批判性思维。对事物有一个清晰的认识是非常必要的。在不盲从、不过分进行情绪控制的前提下，进行批判性思考，有助于锻炼自己的思考能力。

画面：出现一个人在工作的场景，认真思考，查询信息，以确保产生的想法精准有效。

学会处理负面情绪。忙碌的生活难免会让我们产生负面情绪。我们要学会采取正确的方法来处理它们，比如写日记、与朋友交流或者运动。

画面：出现一个人在阅读信件时看到不愉快的消息，接着向亲友寻求支持和安慰的场景。

培养积极情绪。积极情绪可以改善个体心理状态，让我们更加积极向上。

画面：一个人在欣赏美景、艺术作品。

结尾：以上就是精力管理的基本内容。做好精力管理，可以让我们拥有更多的时间和精力去做自己想做的事情，让生活更有意义。如果你正在努力去做好精力管理，那么恭喜你，你已经在前进的道路上迈出了第一步。如果你还没有开始，那么现在就可以开始了。不要拖延，用行动证明你对自己的承诺。

画面：出现一个人在大自然中漫步，或者与家人、朋友共享美好时光。

结尾：感谢大家耐心观看这段视频。希望这些技巧能够帮助你更好地掌握精力管理的方法。记住，精力管理是一个漫长的过程，需要我们不断努力和坚持，但是只要我们用心践行，定会有所收获。

ChatGPT 提供的这个脚本，可以帮我们达成两个目标：一方面，它帮我们解决了文案问题，节省了雇用写手的成本；另一方面，它帮我们把画面呈现了出来，摄影师看完，就知道怎么去拍视频。

试想一下，平时我们创作一个视频脚本，需要多少时间？而 ChatGPT 可以帮我们轻松搞定，让我们有更多时间去维护粉丝，提高粉丝黏性。如此，才能提高转化率。

技术专题——了解剪映

在开始实操之前，我们来对剪映做一个简单的介绍。

剪映是抖音旗下的一款视频剪辑 App，它可以对视频进行高效处理，拥有增加滤镜、人物美容、增加音效、文本翻译、调整速度、配音配乐、转场效果、合并删除素材等功能，可以让一个简单的视频变得更加精彩和丰富，帮助用户打造更有吸引力的内容。

除了以上这些，我们还可以借助剪映来生成智能化的素材，也就是说，当你写好基础功能文案和脚本之后，你没有素材可用，这时候直接把文案和主题复制粘贴到文本框，剪映就可以自动匹配相关素材，实现自动化生成，使我们在短时间内就可以完成一条视频的剪辑。

以精力管理的视频脚本为例，当我们准备好文案之后，就可以开始制作视频了。

第一步，先在手机下载剪映 App。

第二步，注册账号并登录。

第三步，打开剪映主页，点击"图文成片"按钮。

第四步，把文案复制粘贴到内容框里，选择下方的"智能匹配素材"，点击生成视频。

第五步，对剪映生成的视频进行剪辑，如变速、调换素材、调整尺寸、选择封面等，这时候系统会自动帮你匹配素材、配音和加字幕，我们只需确认无误后点击右上角的"导出"按钮，就可以把视频保存到手机了。

可以说，ChatGPT+ 剪映简直是视频创作者的高效工具箱。有了这两个 AI 视频制作"神器"，即使你没有经验、不会写文案、不会剪辑，也可以在一天之内大批量制作无水印的高清视频。

那么，现在就请用本节介绍的方法，制作你的第一条视频吧！

4.5 吸睛的朋友圈文案

移动互联网时代，朋友圈就像我们的线上店铺，而朋友圈就是我们免费发布广告的重要平台，有助于我们打造个人品牌，提升对客户的吸引力，实现业绩增长与社交形象的强化。一个专业的账号，每天需要发布 5~7 条朋友圈文案，才算得上有效曝光。

这对于大部分朋友来说，是一个巨大的挑战。很多人一条文案都要苦思冥想大半天，别说天天都要思考内容了。ChatGPT就像一个专业的助手，不仅可以帮我们构思文案，内容更是包罗万象，可以写产品文案、心情状态、生活记录、读书笔记、总结概括等，几乎涵盖我们生活和职场的方方面面。

假设现在到了年中，你想对上半年的生活做一个总结回顾，让身边的朋友看到你的成长，也帮助自己梳理现阶段的情况，规划未来的方向。

▶ 第一次交流：朋友圈文案建议

提问关键词：交代背景 + 寻求建议

 2024年已经过去了一半，我想对上半年的生活做一个总结，请问我该如何写好这种朋友圈文案？

 写好一个朋友圈文案需要注意以下几点。

1. 突出重点：考虑到篇幅限制以及希望文案能够引起读者的关注，你需要把握住要点，将过去半年中自己最重要、最值得展现的经历或成就作为文案的重点突出。

2. 借用句式：你可以用一些短语来概括过去半年，如"时光荏苒，转瞬即逝。回首过去半年，收获颇丰"或"感恩过去半年里的所有遇见，让我发现自己变得更加成熟和坚强"。

3. 具有令人印象深刻的细节：如果你想让你的文案变得更加生动有趣，可以分享一些你生活中的细节或趣闻，比如你做的一道新菜、影响你人生轨迹的一本书等。

4. 具有个性化的风格：朋友圈高度强调个性化，尽管选择常见的句式可以给人以安全感，但如果在写作过程中加入自己独特的风格，也许可以让文案显得更加个性化和有趣。

综上所述，一个好的朋友圈文案需要有以下几个特点：突出重点，借用句式，有令人印象深刻的细节和个性化的风格，希望这个回答可以为你提供帮助。

ChatGPT给的这些建议颇为中肯，从内容的篇幅到句式和写作风格，都结合具体的例子做出了诠释，让人一看就懂，一学就会。

▶ 第二次交流：朋友圈文案经典模板

提问关键词：提示主题 + 提供模板

 那么，可以为我提供一些朋友圈文案模板吗？主题是年中总结。

当然，以下是几个关于年中总结的朋友圈文案模板供您参考。

1. 一年过半，回首往事，令人惊叹岁月的可贵。半年来，我经历了不少的高潮和低谷，更加深刻地认识到自己的优势与不足，明确了自己接下来的目标与方向。感谢这半年有你们相伴！

2. 前方之路仍是崎岖，但在回顾已走之路时，我发现自己变得成熟坚定。感谢过去半年遇见的每一个人，让我拥有了认真生活的动力和勇气！

3. 这半年，看了不少书，去了不少地方，经历了不少人生百态。感谢自己勇敢前行，同时也感激生命中出现的每一个人！愿接下来的日子里，我们都能保持前行的步伐，不屈不挠，奔向更好的未来！

希望这些模板对您有所帮助。当然，您也可以将自己的特点融合到文案中，使其更加个性化。

这些模板更多是偏向于话术表达，如果你不知道怎么开始写，可以直接使用这些模板，写好第一句话，然后一句句地写下去。

换言之，很多不知道怎么写文案的朋友，大多是被第一句话难倒了，只要写好第一句话，你就能写好无数句话。

接下来，就从旅行的场景入手写一段文案，与你的好友分享一下你这半年中印象深刻的旅行时光吧。

▶ 第三次交流：切入具体场景并输出文案

提问关键词：交代背景 + 提供主题 + 具体要求和字数

好的，最近我去上海豫园玩了一趟，这是我上半年最喜欢的一个地方，我刚好整理了一些照片想发朋友圈，请问可以帮我想一篇关于上海豫园的文案吗？请从历史背景、商业文化等角度切入，300 字左右。

关于你提到的上海豫园，我可以帮你设计一篇朋友圈文案，并从历史背景和商业文化等角度切入，请看下文。

"上海豫园，一个拥有 450 多年历史的江南古典园林，早在清代就被誉为江南第一园。这里有传统的葱翠回廊、流水溪潭，有千姿百态的假山、精巧别致的园门楼，每一个角落都透露着浓郁的东方文化气息。作为中国园林建筑中的代表作，豫园不仅是一座园林园艺杰作，更是集商业、文化于一体的现代文化商业综合体。

这里有各种特色小吃、手工艺品、文化遗产纪念品等，让人流连忘返。

在这里，你不仅可以看到历史文化的传承和发展，而且可以感受到现代商业气息与古典文化韵味的融合和创新，这里是我上半年最喜欢的一个地方。"

通过以上文案，你可以将豫园的历史和商业文化等方面展现出来，让读者从中获取更多有价值的信息，同时尽量精简，字数控制在 300 字左右，让读者更容易理解并欣赏这篇文案。

这篇文案只能算是中规中矩，这也是很多人对 ChatGPT 写出来的内容不够满意的地方，总觉得少了一点什么。

缺少的那一点到底是什么呢？我认为是情感生命力，这是很多作家做得更好的地方，因为人具备更高级的情感功能。那么，假设我们让 ChatGPT 来学习作家的写作风格，重新输出文案，又会得出什么样的结果呢？

▶ 第四次交流：模仿张爱玲的写作风格，输出朋友圈文案

提问关键词：提供模仿对象 + 指定主题 + 语言和字数要求

好的，不过我认为这篇文案太大众化了，能否模仿张爱玲的写作风格，帮我写一条上海豫园的朋友圈文案，300 字左右，语言精美而不失生动。

没问题，我可以帮你写一篇模仿张爱玲风格的朋友圈文案，从感性的角度诉说上海豫园的历史和风情。具体文案如下。

"江南水乡，风情万种，上海豫园便是佳丽无双的代表。四百五十多年的岁月沉淀下来的，不仅是烟霭缭绕、湖光潋滟，更是一个艺术品，一座充满传奇的古典园林。有着中西结合之美的回廊，有着峭壁的假山，有着古老故事的遗址……亭台楼阁、小桥流水、花木扶疏，构筑了一幅充满人情味、自然和谐的美景，值得每一个热爱生活的人前去细细品味。

在这里，酥油花卷、烤麸馄饨，配上一杯苏州天香茶，可以让人一步一叹为观止。被藏在小巷子里的书店，涵盖了多种藏品、手工艺品、古董家私等的各类小店，每一个角落都透露着复古风情的浪漫气息。高山流水之间皆是美好，不可错过。"

这篇朋友圈文案总体风格清新灵动，从感性角度描述了上海豫园的特色、氛围和文化价值，配上精美的照片，相信会引发读者的好奇心和探究欲望，让他们惊叹于上海豫园的历史文化底蕴和独特的魅力。

同样是描述上海的风土人情，两篇文案简直天差地别。

第一次提问，ChatGPT 给的文案平淡无奇；第二次提问，通过对作家风格的学习和模仿，迭代之后的文案精美而富有细节。

为什么这篇文案给人的感觉更为华丽和生动，读完有种意犹未尽、值得细细品味的美感呢？

在句式上，第二篇文案中多次采用了排比和对仗的手法，开篇用三个"有着"，加强了气势，读起来朗朗上口。

这样的句式，使得文案读起来有一种前后呼应、浑然天成的韵律之美。

而在空间上，从回廊、假山、遗址到亭台楼阁、小桥流水……就像一个导游带着读者从近到远一一领略其中美感，获得置身其中的真实感和代入感。无论是写作内容还是手法，都比第一篇文案更胜一筹。

所以，如果你想获得更优质的文案，不妨多训练 ChatGPT 学习名师作家。那么，如果是鲁迅来描写上海豫园，又是什么风格呢？通过对比，我们可以更好地掌握不同作家的写作精髓。

▶ 第五次交流：模仿鲁迅的写作风格，输出朋友圈文案
提问关键词：作家名称 + 模仿写作风格 + 语言和字数要求

很好，我想知道如果是鲁迅先生来描述上海豫园，会是什么样子？请你模仿鲁迅的写作风格，帮我写一篇上海豫园的朋友圈文案，还是 300 字左右，语言要干脆利落，富有想象力。

好的，以下是一篇模仿鲁迅先生的风格的朋友圈文案。

"上海豫园，如今扮演着许多角色，既是游客排队合影留念之地，也是商贾们开展业务往来的场所。然而，在我眼里，这座园林更是一个美丽的梦，与烟火气息浓厚的商业街道形成强烈对比。

这里的每一个角落，都像是一本书中的一页，记录了多年历史与文化的博大精深。从山水园林到各类建筑，这里显示出了江南园林的特色和独特魅力。它将民间文化、工艺、历史、曲艺等完美地融合在一个场景之中。

在园内走过，看到的不但有历史文化的传承，还有曾经商贸往来的各种建筑以及美食小店。上海豫园已经逐渐成为一个商品社会中的重要组成部分。人们在这里寻找着历史和文化的痕迹，也在这里享受着商业化的便利。

这篇朋友圈文案相比上一篇，文字更干脆利落、深刻、富有想象力，强调了上海豫园如今扮演的众多角色及其历史意义。充满理性思辨的格调，让读者能自由地想象与思考，具有很强的文学性。

不管我们如何训练 ChatGPT，最终目的都是帮助我们更好地输出文案，所以最后一步，我们一起来看看，如何结合多位作家的写作风格，总结朋友圈文案写作技巧。

▶ 第六次交流：结合多位作家的写作风格，总结朋友圈文案的写作技巧

提问关键词：结合多位作家的写作风格 + 要求 + 列举案例 + 总结方法论

> 请问我该如何结合多位作家的写作风格，来提升我的朋友圈文案写作水平？可以列举案例，总结一套方法论给我吗？

好的，以下是一套朋友圈文案写作方法，结合了多名作家的写作风格。

1.注意细微之处：像余华、鲁迅这样的作家，常常会关注人物经历或细节。在朋友圈文案中，也可以通过讲述自己的生活体验或赞美产品的细节来引起读者共鸣。

2.通过情感刻画营造氛围：像钱锺书、莫言这样的作家，往往会通过细腻的情感和情境刻画来营造深厚的情感氛围。与此类似，朋友圈文案也要注重思考如何表达情感、营造氛围，如生动地描写美食的味道和质感，或者刻画生活中的某个细微场景渲染气氛。

3.体现独特有趣的个性：伍尔夫、毛姆等作家常常从个人的思想、情感、性格等出发，刻画出充满想象力和个性化的人物形象。在朋友圈文案中，也可以通过发挥创意，将人作为切入点，使文案充满活力和吸引力。

4.突出差异性：在商业市场中，差异化营销是制胜之道。朋友圈文案也应该注重突出自己的差异性和特点。例如，推销产品时可以突出商品的优势，对待生活中的小事情时可以运用反常思维来进行解读。

总之，好的朋友圈文案要注重语言的灵活运用，辅以合适的写作技巧，更深度地表达个人情感、体验、思想等，从而吸引读者的眼球，展现自己的文化品位和创新意识。当然，写作能力也需要在不断实践和尝试中积累和锤炼。

ChatGPT 把作家们的写作特点提炼出来，教我们如何具体地运用到朋友圈文案的写作当中。让我们可以集百家之长，最终形成独树一帜的写作风格。

4.6 直播营销全流程话术

　　直播是基于互联网带货、与粉丝在线互动和宣传个人品牌的重要方法。与视频和图文内容相比，直播的互动感和真实感更强，对于构建粉丝影响力可以起到非常显著的作用。随着直播带货的火爆，越来越多"素人"加入了直播赛道，但是很多人面对镜头时不知道说什么，并且不知道直播前要准备什么，有时候直播了几个小时也没多少人看，非常打击信心。

　　这一节，我们就来为你揭秘，如何借助 ChatGPT 梳理直播流程，优化话术，提升粉丝黏性，最终实现业绩增长。

▶ 第一次交流：通过反向提问总结直播流程与技巧

提问关键词：直播流程与技巧

 请问你知道自媒体直播的流程与技巧吗？

 当然，下面是自媒体直播的流程与技巧简述。

流程

1. 确定直播主题：首先需要确定直播主题，一定要确保其热门、有趣，与自身或受众相关。

2. 策划、准备：为了让直播更加顺利，需要提前进行策划并准备好道具和背景音乐等。

3. 直播平台选择：现今市面上有众多的直播平台可以选择，如抖音、快手、bilibili 等，需要根据主题和受众选择合适的直播平台。

4. 直播场地及设备准备：具体包括视频拍摄设备、麦克风、灯光及网络环境等。

5. 直播宣传：如何吸引更多观众？可以通过朋友圈、短视频等社交媒体进行宣传推广。

6. 直播过程中的互动：互动是直播必要且重要的环节，可以通过礼物打赏、评论区抽奖等方式来与粉丝互动。

7. 直播总结：直播结束后要及时总结收益、观众反馈等，并进行后续宣传和回应。

技巧

1. 在直播前做好全方位的准备：如准备好演讲稿或 PPT、音乐等。

2. 注意直播时的语言表达：利用简单易懂、轻松而风趣的语言来和观众互动，避免过于正经和枯燥的演说。

3. 关注观众反应和互动：在直播过程中要不断关注观众留言区的评论和反馈，在开直播前需要有一个具体的互动方案。

4. 巧用道具：在直播过程中，可以动动脑筋，加入一些实用或幽默的小道具来提高直播吸引力。

5. 适时推广自己：在直播过程中可以多宣传自己，比如在直播开场白、产品推荐等环节适时地"卖弄"自己，要把握好度。

6. 直播内容与粉丝互动相辅相成：把观众和自己的互动引入直播过程中，并巧妙地与主题关联，从而真正提升粉丝的好感度。

7. 身体语言表达：借助肢体语言、面部表情等来带动直播气氛，增强直播吸引力。

总之，通过提前策划、准备好道具、在直播中注重观众反馈和互动，理性进行产品推广，就能提升自媒体直播的水平。

从直播流程到技巧，一站式全搞定！现在你是否也感受到了 ChatGPT 的强大能力？

▶ 第二次交流：给出具体的主题进行直播策划

提问关键词：提供直播主题 + 直播时长 + 策划流程 + 注意事项

如果我现在要策划一场关于"新人如何快速出书"的直播，时间为一小时。那么我该如何策划，可以告诉我流程以及注意事项吗？

好的，以下是关于"新人如何快速出书"的直播流程和注意事项。

1. 确定主题：鉴于直播主题是"新人如何快速出书"，我们需要聚焦于如何通过适当的方法使得新人能够更加容易地出版自己的图书。在这个主题下，可以从构思、写作、编辑、出版等诸多方面展开。

2. 策划直播内容：由于直播时间为一小时，我们需要预留足够的时间以讲解每个环节的必要性和操作方法，直播内容时需要遵循干货第一、重点突出的原则，以便于吸引和保持观众的关注。

3. 编排 PPT：精致的 PPT 是极好的直播助手，可以抓住观众的眼球并提供一个结构清晰的框架，可以通过添加一些图片、视频或图表来进一步强调其中的关键信息。

4. 提前准备直播工具和材料：在直播之前要准备好所需的工具和材料，如录制视频、制作 PPT、收集文献等。确保网络、音响和视频设施及其他必要的工具在正式直播开始前进行过测试和校准。

5. 留出时间进行互动：在直播过程中留出一定的时间与观众进行互动，可以为整场直播增加趣味性和活力。这可以通过观众提问或抽奖等方式实现。

6. 注意事项

– 注意语速和发音清晰，对于专业术语需要进行解释。

– 合理安排每个步骤的时间。

– 注意直播话术符合主题，不要让观众有被推销感。

– 准备好可供分享的资源和参考文献，积极回答观众疑问，并尽量保持良好的直播秩序。

上述流程可以帮助您策划一场成功的"新人如何快速出书"直播，祝愿您的直播取得满意的成果！

ChatGPT 建议直播从如何构思、写作、编辑、出版等方面展开，可以说是干货满满。ChatGPT 还建议结合 PPT，让观众有更强的获得感。在直播互动方面，它也给了一些可落地的意见，如观众提问、设置抽奖活动等。

准备一场专业的直播，需要很高的时间成本，因此我们不可能长期"为爱发电"，多多少少要有一些经济回报，才能支撑我们长久做下去，持续为粉丝输出原创内容。

因此，我们可以在直播中植入一些实用而又和主题强相关的产品或者服务，吸引有意向的客户进行购买。

▶ 第三次交流：策划直播带货的话术

提问关键词：交代背景 + 具体要求

如果我想要在这场直播中植入"新人如何出版第一本书"的线上直播课，请问有什么话术可以参考？要求以分享、利他和突出价值的角度来切入，没有推销感。

非常好的想法，以下为您提供一些话术参考。

1. 分享：如果您想出版自己的第一本书，但不了解出版流程，那么这样一套线上直播课程将会是很好的选择。通过直播的形式，您将可以获得专业的指导，更加了解整个出版流程。

2. 利他：这套线上直播课程与其他线上课程不同的是，它完全是为新人准备的，旨在帮助学习者了解整个出版过程和一些重要技巧。我们特别关注如何构思、写作以及寻找发行商等，从而更好地让新手了解出版业的情况。

3.突出价值：这是一套由资深出版人员策划的线上直播课程，涵盖了出版生态系统的所有方面。它将帮助您缩短学习时间，大幅度提升成功率，并获得显著的增量成果。通过学习新手出版课程，您将获得更多的机会，可以尽快出版自己的图书。

希望这些话术可以为您植入"新人如何出版第一本书"的线上直播课程提供帮助，最后祝您的直播成功！

站在用户的角度，建议主播要以日常化、接地气又不失价值感的角度来切入话题，去掉浮华的包装和商业化的话术，真诚地分享自己的一些亲身经历，以情动人，自然地带出产品。

▶ 第四次交流：直播常用话术模板

提问关键词：总结直播话术模板 + 具体要求

 感谢您的建议！可以再帮我总结一套直播间经常用到的话术模板吗？比如欢迎语、结束语和带货话术。

 当然可以，以下是一些常用的直播间话术模板。

欢迎语
1.欢迎大家来到我的直播间，非常高兴能够和大家见面！
2.大家好，我是 ××，今天我将为大家带来 ×× 的直播课程 / 分享等。
3.朋友们，欢迎来到我的直播间，期待今天能和你们一起探讨、学习！

带货话术
1.很感谢大家对我的支持，我们对卖出的每一份产品的质量和服务都有充分的信心。
2.大家喜欢的这个产品，是我在市场调研后特别精选出来的，品质、效果都极为优秀，非常值得大家购买。
3.实话跟大家说，我自己也是使用了这个产品之后才推荐给大家的，所以对它真的很有信心。

结束语
1.非常感谢大家观看今天的直播，如果还有什么问题或者意见，可以在评论区和我交流。
2.我们今天的直播就要结束了，希望大家能够有所收获，同时也请大家多多支持我的直播，谢谢！
3.再次感谢大家对我的支持和关注，我们下次直播再见！

希望这些话术模板可以为您的直播间增添活力和吸引力。祝您的直播取得圆满成功！

关于直播内容，其实 ChatGPT 已经给了一个整体的思路，包括开头怎么说、中间怎么做、结束语怎么带动气氛，升华主题。从分享干货到如何巧妙植入一些互动场景，整个直播的框架和细节给我们讲得明明白白，即便是刚入门的新手，也能看得懂，用得上。

但是很多朋友即便了解了整个直播流程，也可能还有些担心和顾虑："到时候开播了，直播间的人气会不会很低啊？我讲得再好也要有人看啊！"接下来就让 ChatGPT 来帮我们解决这个问题。

▶ 第五次交流：提升直播间人气

提问关键词：提出痛点 + 话术优化建议

那么，直播间人气有什么办法可以快速提升吗？又有什么话术优化建议？

提高直播间的人气，有以下几种方法。

1. 优化直播内容：以观众喜欢的主题、内容和形式作为切入点，持续地为观众提供优质的直播内容。同时，主播的表现力和互动性也会对人气产生影响。建议在直播中积极与观众互动，回答他们的问题，讲解相关知识等，这样才能够增强粉丝的黏性，留住更多的观众。

2. 善于利用平台宣传：提前通过各种活动对直播进行预热，吸引更多用户前来观看。此外，可以通过社交媒体、自媒体等渠道进行宣传，向更广泛的人群宣传直播内容。

3. 与其他主播合作：与各种类型的主播合作，开展多样化的活动。例如，通过联动直播、给观众送礼品等方式，增强用户的参与感，提升直播间的人气。

话术方面，应该关注以下几点。

1. 尊重观众：在与观众互动时，注意语言的礼貌性和承诺的实现情况，能够让观众产生良好的体验和信任感，留下更多观众。

2. 针对问题：及时回答观众的问题，可以让观众感到受到关注，不仅能够解答疑惑，还可以增加与观众的互动。

3. 娱乐化：在直播内容中加入一些娱乐元素，如一些挑战游戏、搞笑视频，可以吸引观众的注意力，提升直播的趣味性。

ChatGPT 给了非常多的解决方案，比如选择观众喜欢的主题、内容和形式，加强宣传，和其他博主连麦合作等，并提供了话术的优化建议。

那么，我们把直播流程优化好了，到底有没有效果，还是需要复盘的，只有把复盘的环节做仔细了，一套完整的直播流程才算形成闭环。毕竟，你不复盘，根本发现不了问题，没有发现问题，又怎么能有进步呢？

▶ 第六次交流：提供直播复盘的具体流程

提问关键词：直播复盘流程 + 具体的步骤

> 好的，那么直播后如何复盘？有什么流程？可以告诉我具体步骤吗？

开启直播复盘有以下几个步骤。

1. 整理直播资料：在直播结束后需要将整个直播过程用到的资料进行记录和归档，包括所使用的 PPT、视频教学资料等。这些资料需要整理并保存到对应的文件夹中，以便后期的直播复盘使用。

2. 回顾直播内容：将资料整理后，需要对这些资料进行回顾，如看自己的演讲录像或者直播回放，时间充裕的话可以结合笔记整理出重点知识点及直播中存在的问题。

3. 分析用户反馈：可以通过分析用户的留言评论，了解用户的想法，定位用户痛点，更好地完善直播内容。

4. 总结归纳：结合前述三个环节的内容，对整个直播过程进行总结和归纳，发现不足和问题，查漏补缺，使自己在下一次直播时能够借鉴之前的经验，更好地为观众提供有价值的信息。

其中，开启直播复盘需要注意以下几点。

1. 根据直播的主题和类型调整每个步骤的流程和内容。

2. 对于直播内容的记录和整理要注意格式规范，确保以后使用的方便性。

3. 直播复盘不仅要站在自己的角度，也要站在观众的角度思考，发现观众的需求。

4. 对于出现的问题要迅速响应并做出处理。

5. 定期进行直播复盘并持续改善。

没有复盘，哪来翻盘？高手就是在一步步的复盘中不断成长起来的。这个过程非常重要却经常被大家忽略，有了 ChatGPT 的贴身指导，相信我们可以很快切入直播领域，放大自己的才华和影响力，并获得实实在在的经济回报。

ChatGPT 是演讲实战的助燃剂

曾经有个好友告诉我,每次他站在舞台上都会两腿发抖,手心冒汗,脑子一片空白。

一看到台下有那么多双眼睛注视着自己,便会把精心排练的演讲忘得一干二净,只剩下紧张和恐惧。

有这样的感受其实很正常,因为演讲本身就非常挑战一个人的勇气与口才能力。

但是你发现没有,越是位高权重的人,越是需要演讲的力量,比如单位的领导、团队的领袖。演讲是他们征服人心的重要武器。

对普通人而言,学会演讲可以给职场发展带来非常大的助力,比如团队更愿意服从你的管理,你的领导更容易看到你的才华,你的客户更容易听从你的建议,你的职场形象会变得更加专业、鲜明、富有魅力,让更多人认可你,信服你。

学会借助 ChatGPT 训练自己,只需一个月,你的演讲能力就会大大提升,从一个害怕演讲的人,成为一个一开口就能说服别人、让人喜欢的人。

ChatGPT

5.1 有吸引力的自我介绍

　　自我介绍是让人记住你的关键，也是进行客户转化的重要秘诀。我曾经在一场活动上通过20字的自我介绍，转化了两个超级客户，给我带来了5位数的变现。

　　由此可见，一段言简意赅而又有"记忆点"的自我介绍，在社交营销中是多么重要。比起推销作品，更重要的是把自己推销给别人，让他人意识到你是一个有趣又专业的人，从而愿意选择你。ChatGPT可以帮助我们迭代一份吸引人的自我介绍，帮你省心高效地完成一场精彩的演讲。

　　假设你下周需要参加公司组织的一次即兴演讲，活动主题是分享你的职场故事，没有特定的限制，大家可以随意发挥，可以分享梦想，可以分享职场经验，也可以分享你对一些职场文化的看法。

　　活动的主旨是鼓励每一个员工站上舞台，大胆地展示自己的才华和梦想。你很想去试一试，但是又担心自己发挥不好被别人嘲笑。距离活动还有一个星期，你打算趁这段时间抓紧练习，争取在活动上一鸣惊人。

　　正式演讲前，你需要先做一段有吸引力的自我介绍。现在让ChatGPT充当你的演讲教练吧！

▶ 第一次交流：提升自我介绍的吸引力

提问关键词：交代背景 + 自我介绍 + 寻求建议

 　　你好，我是一名演讲新手，下周我要参加公司举行的一次演讲活动，需要站上舞台做一次自我介绍，请问我该如何说才能展现自己的有趣和吸引力呢？

 　　你好，很高兴为您解答这个问题。

　　要在短时间内展现自己的有趣和吸引力，可以尝试以下几点。

　　1. 引入引人入胜的开场白：开场白是你给观众的第一印象，需要抓住他们的注意力。可以使用一个有趣的故事、趣闻或者启示性的问题作为开端。

　　2. 使用简短的自我介绍：不需要长篇大论地介绍自己，可以简单地说出名字、所在公司或学校、职务或专业等基本信息。语言要简洁明了、清晰流畅，避免使用过多的行话或术语。

3. 突出个人优势：在自我介绍中，可以突出强项、特长、荣誉、成就等，让听众了解你的专业能力。

4. 表达对活动的期待：可以在最后简单表达对活动的期待，或者分享一些与活动主题相关的看法或心得，这样可以让自己的介绍更加生动有趣。

在自我介绍时，要注意节奏和时间掌控，不要说得太快或太缓慢。提前准备好稿件，并多练习几遍，这样可以更加自信地站在舞台上面对听众。祝你好运！

演讲的开头决定了这次分享的成败，打造一个吸引人的自我介绍十分关键。对此，ChatGPT 给出了非常全面的建议，但是这些建议面向的是大众，因此可能很难解决你的问题。我们可以录入个人信息，让 ChatGPT 更好地给出针对性的建议。

◆ 第二次交流：交代背景并寻求个性化的建议

提问关键词：交代职业和兴趣 + 帮忙组织语言

 好的，我是一名作家，同时也是一名职业证书的培训老师，平时喜欢运动、读书和学习新事物，请问我该如何表达才能让人记住我呢？能否帮我组织一下语言？

你好，以下是我根据您的介绍为您组织的语言。

各位观众，大家好，我是一名作家，也是一名职业证书的培训老师，同时我还有许多兴趣爱好，比如运动、读书和学习新事物。

作为一名作家，我的文字温暖而富有智慧，通过阅读我的作品，读者可以了解到不同的故事。同时，作为一名职业证书的培训老师，我善于通过独特的教学方法传递我的知识和技能，帮助学员更好地了解他们所学的内容。

此外，我是一个热爱运动和善于发现新鲜事物的人，这让我有机会发掘更多可能性和挑战自我。我相信生命中的每一次经历都值得我们去探索和发掘。

最后，我认为我的思维灵活、充满热情和求知欲，这使我成为一个与众不同、值得记住的人。感谢大家聆听我的介绍。

这样的自我介绍比较模板化。所谓文似看山不喜平，一份引人入胜的自我介绍，需要体现冲突感和矛盾感，让人有反转的意外感，才能给人留下更深刻的印象。因此，我们可以在这点上下功夫。

▶ 第三次交流：写一个有反转的自我介绍

提问关键词：结合背景 + 反转 + 自我介绍

 内容过于空洞刻板，可否结合我从会计专业零经验转行自媒体写作行业，而后变成一名作家和培训老师的故事，帮我写一个有反转、生动的自我介绍，以便我在活动现场使用？

非常感谢您的提醒，以下是一份更具体而生动的自我介绍，希望能够帮助您展现自我的独特之处。

各位观众，大家好，非常荣幸今天能够在这里与大家分享我的故事。

我曾经是一名会计专业的从业人员。但在某一天，我意识到我对这个行业没有真正的热情，想要接触新领域，于是我离开了原公司，选择从零开始探索我的兴趣——自媒体写作和培训行业。

转换赛道后，每件事都是新的挑战。起初我并没有多少知识储备和经验，并面临着来自家庭、朋友以及自己对自己的质疑。然而，正是这些困难和挫折，推动着我努力学习、创作和进步，让我具备了坚韧、有创造力和持续成长的品质。

有一天，我的梦想终于实现了，我成为一名畅销书作家和职业证书的培训老师。我用自己的方式和语言，通过传授我的知识和经验来影响更多的人。作为一名自媒体作家，我的文章充满激情、智慧和生命力，可以打动人们的心灵，帮助他们发现内心深处的渴望。

作为一名职业证书的培训老师，我不断尝试创新教学方法，确保我的学员能力得到充分提升。我会尽可能为我的学员营造轻松愉悦的学习氛围，让他们在轻松愉悦的环境中追求更高的目标和成就。

现在，除了写作和教学，我还积极参加各种体育锻炼，对所有事物怀有好奇心，善于发现生命中每一个激动人心的挑战。作为一个充满生命力的人，我会坚持不懈地用我的行动，去探索这个世界，创造自己想要的生活。

感谢大家听我的分享，我相信我所具有的坚韧、富有创造力和持续成长的品质，将为我赢得更多机会，实现自我价值。

这个故事没有一上来就讲述成功经验，而是先讲了自己追梦路上的一波三折：专业不对口，不得不从零开始；转型之后又面临着新人起步的挑战，还有家人与朋友的质疑，这种先抑后扬的写作手法，可以提升故事的悬念。之后的内容交代了故事的发展，"我"不仅成功了，还把自己的经验分享出来，用自己的有限力量去影响更多人，过上了物质与精神双丰收的生活。

这种反转式的内容呈现，可以最大限度地放大主人公的魅力。如果一上来就直接说出自己的成就，大家会觉得缺乏参考性和真实性。

一个吸引人的自我介绍，一定要交代自己经历的困难，接着分享自己如何一步步解决问题，最终获得成功，这样的故事可以给读者留下更深刻的印象。

想要一开口就让人记住你，自我介绍是非常关键的一步，我们必须仔细打磨文案，最好增加一些比较有意思的小故事，或巧妙使用谐音让人记住你的名字。如果只是平铺直叙，可能别人一转身就把你忘了。因此，在自我介绍上，我们可以多琢磨，多练习，一开口就要赢得全场掌声。

5.2 精彩的开头

开头是演讲的重头戏，一段精彩的开头，可以快速吸引观众的注意力，给人留下一鸣惊人的印象。所谓台上一分钟，台下十年功，想要达到这样的演讲效果，我们必须对文案进行精心设计，绝不浪费每一次出场的机会。

举例：你是一个读书协会的主理人，最近要做一次职场演讲，你希望和大家分享自己的创业史，讲一讲你是如何从互联网行业转为线下活动主理人的。现在我们让 ChatGPT 来充当参谋吧。

▶ 第一次交流：演讲开头的建议

提问关键词：交代主题 + 寻求建议

> 🧑 现在我要讲一段自己的创业历史，对于演讲的开头，有什么建议可以给我吗？

　当您要在演讲中分享自己的创业历史时，开头是非常关键的一部分，可以决定听众是否对您的演讲产生兴趣。以下是一些可能有用的建议。

1. 引入一个引人入胜的事件或情景：您可以描述一些与创业相关的有趣经历或情节，或者以一个吸引人的短故事作为引子，吸引听众的注意力，让他们更好地理解您的故事主题。

2. 用数据说明成果：如果您的创业取得了较大的成功，那么借助数据汇报成果可以让听众更好地了解您的创业历程，进而产生兴趣。

3. 让听众产生共鸣：如果您的创业过程很具有代表性，您可以通过描述挑战和困难，并就如何克服困难给出建议，这样可以让听众更好地了解过程，产生共鸣，更容易认同您的创业理念。

4. 引用名言：可以通过引用名言的方式来吸引听众的注意力，这样可以让听众与您产生更多的共鸣。

如果你需要更多帮助，欢迎继续交流。

以上这些技巧都可以有效提高演讲开头的吸引力。根据自己的创业历史，选择一个合适的方式开场，可以让演讲更具有说服力，也更容易吸引听众的注意力。

▶ 第二次交流：结合案例解释技巧

提问关键词：结合具体案例 + 解释技巧

那么，可以结合具体的案例，解释以上技巧吗？

当然可以，以下是一个自媒体创业的案例。

1. 引入一个引人入胜的故事：您可以分享一个关于自媒体领域的成功故事，如某位自媒体创始人利用社交网络实现品牌营销和推广，或者讲述自媒体行业中的一些有趣的事情等，来吸引听众的注意力。

2. 用数据说明成功和成果：通过收集市场上的数据，可以更加真实而客观地呈现目前自媒体行业的状况。例如，可以提到自媒体平台日益增长的用户数量以及广告收入的增长情况，同时，也可以分享自己在自媒体领域中所获得的成就和荣誉，如关注度、稿酬等方面的收益。

3. 让听众产生共鸣：针对初创自媒体的困境，您可以适当讲解一些自己的经验，如如何抓住读者的注意力，如何处理粉丝的反馈等，让听众感受到您的经验和方法是切实可行的。

4. 引用名言：您可以适当地引用一些名言来加强自己讲话的力量，如"内容为王""专注就是力量"等，让听众产生更强的认同感，从而更容易记住您所分享的经验、理念和方法。

希望上述技巧可以为您提供一些指导，帮助您打造一个生动、有内涵、流畅的演讲，从而获得更多关注和支持。

通过案例讲解，我们对 ChatGPT 给的建议有了更具象的理解，接下来我们就可以用这些建议来打磨自己的演讲开头。

▶ 第三次交流：10 个演讲开头的话术模板

提问关键词：演讲开头 + 限制数量 + 适合不同场合

> 那么，给我 10 个演讲开头的话术模板，要求适用于不同的场合。

当然可以，以下是 10 个适用于不同场合的演讲开头话术模板，希望对您有所帮助。

1. 以一个热门话题作为引子
模板：大家好，你们是否关注过最近热议的话题——×××？今天我想和大家分享我的一些看法和经验。

2. 用一个引人入胜的故事开头
模板：今天，我想和大家分享一个真实的故事。这个故事发生在我的一位领导身上，让我学到了很多重要的经验。

3. 以高超的修辞技巧吸引听众的注意力
模板：人生如诗，每个人都有自己的抒情之作。而今天，我想邀请大家和我一起来谈论一个热门话题——××××。

4. 始终牢记你的目标
模板：大家好，我们今天来到这儿是为了实现一个共同的目标——×××。我相信，你们都非常了解这个目标的重要性。

5. 引入一个惊人的事实或数据
模板：大家是否知道，在过去十年，全球经济以每年 ××× 的速度增长？这个数字令人震惊，但同时也说明了我们所面临的机遇。

6. 向听众提出一个问题
模板：今天我想邀请大家一起思考一个问题：什么是真正的创新？

7. 引用名人名言
模板：某位名人曾经说过"××××"。这句话深深地触动了我。今天，我想邀请大家一起来思考，如何将这个道理转化为现实，从而取得成功。

8. 以一个积极的形象开始
模板：大家好，我这里有一张图片，展示的是大自然的一片美景。这张图片代表着生命、希望和成长。我相信，我们每个人都能够从中获得灵感。

9. 引用经典文学作品
模板：在莎士比亚的《皆大欢喜》中，有一句话："在生命的舞台上，我们都是演员。"我相信，这句话不仅代表了戏剧理论，也是一种人生哲学。今天，我想和大家谈谈这个话题。

> **10. 以一个笑话或幽默故事开始**
>
> 模板：大家好，我想和大家分享一个有趣的故事。这个故事发生在我刚毕业的时候……

当你不知道第一句话怎么说的时候，直接用 ChatGPT 提供的开头话术也是没问题的。演讲是一种刻意练习，只有多读、多看、多练，才能让自己的演讲能力突飞猛进。

5.3 "峰终定律"的结尾

你有没有想过，为什么很多餐厅都把甜品放在最后给客人端上桌？有些商场的收银台为什么要卖1块钱的冰激凌？

这些设置都不是偶然，而是一种积极的心理暗示，也是一种聪明的营销手段。

当客人享用完甜品，从店里离开的时候，他的心情是愉悦的。客户在消费的最后时刻拥有什么样的心情，很可能决定了他对这次消费的评价与印象，这就是心理学所说的"峰终定律"。

结尾对于演讲来说，就是给观众准备的那道甜品，虽然不是主菜，但对观众来说是必不可少的，它决定了观众对这次演讲的印象。那么，结尾对于演讲来说有多重要呢？让我们一起看 ChatGPT 的回答吧！

▶ 第一次交流：罗列演讲结尾的作用

提问关键词：演讲结尾 + 罗列作用

> 结尾对演讲来说有多重要？请帮我罗列几个作用。

结尾非常重要，因为它是演讲给听众留下的最后印象。以下是结尾对演讲的作用。

1. 强化主题：结尾应该重申演讲的主题或总结整个演讲过程，这有助于听众更好地理解和记住您的讲话。

2. 总结关键点：结尾也可以用来回顾演讲中的关键点，重申最重要的信息，并指出听众可以如何应用所学知识。

3. 激发情感共鸣：结尾可以通过调动听众的情感，激发全场的共鸣。例如，使用引言或动人的故事来让听众产生共鸣或启发观众灵感。

4. 鼓舞听众：在最后几分钟，演讲者可以给予听众希望和勇气。结尾不仅可以升华主题，还能成为演讲者展现领导力和激励听众的机会。

5. 留下深刻印象：在你离开舞台之前，营造一种强烈的临别感，让听众在离开会场之前对你留下深刻印象。

总的来说，结尾对演讲的重要性不可忽视。精心策划的结尾，可以给听众留下深刻印象，同时也可以使演讲更具影响力和说服力。

看到这里，想必你已经知道一个好的结尾对一次演讲来说多么重要。接下来，我们一起来学习更多演讲技巧吧。

假设你要进行一次辞职做自媒体的演讲，让 ChatGPT 给出一些演讲结尾的思路吧。

▶ 第二次交流：提供具体故事，寻求演讲结尾的方法
提问关键词：交代背景 + 设置结尾 + 具体要求

如果我现在要讲一个 95 后女生辞职写作，最终通过自媒体创业成功的故事，那么该如何设置结尾，才能使得我的演讲更加精彩，让观众意犹未尽？

在讲述完 95 后女生辞职、自主创业并成功的故事之后，需要一个总结性语言，来强调她成功的真正原因。可以通过以下方式设置结尾。

首先，回顾创业过程中遇到的挑战和困难，突出主人公顽强的毅力和经受住生活考验的韧性。其次，探讨她成功背后的要素，包括对目标的坚定追求，足够的执着，以及无畏的创业精神。最后，用一两句简洁有力的话给听众留下深刻的印象和启发，鼓励那些正在为自己的梦想拼搏的人们，要坚持不懈追寻自己的梦想，即使面临困境也不能退缩。

例如，你可以说："这个故事向我们诠释了一个重要的价值观：只要你拥有对未来的信念，坚持不懈地去追逐，成功就会如约而至。希望大家都能从中汲取力量，不断充实自己，成为自己规划的蓝图里美好的样子。"通过这样一个结尾来激发听众的激情，激励听众前行。

很多朋友会精心准备演讲的开头，但是结尾总是潦草结束，给人一种头重脚轻的感觉。有了 ChatGPT 提供的模板，我们就能升华主题，优化出了一个简单而富有力量的结尾。

▶ 第三次交流：演讲结尾的通用话术

提问关键词：演讲结尾 + 通用话术 + 具体要求

 对于演讲结尾来说，有没有一些通用话术可以参考？内容要具体可落地，拒绝笼统和模板化。

是的，演讲稿结尾需要恰到好处地用一些技巧和万能话术来点睛。以下是几个具体可落地的建议。

1. 引用名人名言或经典语句。结尾时引用一句名人名言或经典语句，可以起到画龙点睛的效果。例如：抱怨身处黑暗，不如提灯前行——刘同。

2. 提出问题并给出建议。在结束前，可以提出一个富有启发性的问题。例如："你是否想成为自己所在领域的专家？若想，那么，学习、思考、实践就是取得成功的关键。"

3. 反向思维法。把一个问题颠倒过来思考，揭示出不同的解决方法，而不是一味地坚持自己的看法，这种方法可以给听众带来不一样的启示。例如："在你拼命地追求升职加薪的时候，是否已经忘了什么是真正的幸福和快乐？"

4. 呼吁行动。可以通过号召行动的方式来结束演讲，在激励听众积极付诸行动的同时，加深演讲主题在听众心中的印象。例如："不要等到明天才去追寻自己的梦想，从现在开始，就要为梦想而努力奋斗。"

总之，演讲稿结尾不仅需要明确表达出演讲的主题和核心观点，还需要有针对性地给予听众一些操作性很强的具体建议，让他们可以真正落地实践，取得实实在在的成效。

这四个结尾方式，你更喜欢哪一个呢？我们可以在不同的场景下使用不同的结尾方式，从而找到适合自己的风格。

看完以上内容，相信你已经搞定了演讲稿中最困难也是最重要的两个部分——开头和结尾。

下一节我们一起来学习如何丰富演讲稿的正文，帮助你打造朗朗上口、易于传播的金句内容。

5.4 不可或缺的金句点缀

我们都知道，演讲就是靠文字、声音、画面与动作去说服他人，使我们的观点在听众心中更有说服力。

但是听完一场演讲下来，其实你会发现，很多时候我们已经忘记了大部分内容，只对那么一两句话印象深刻，并且还愿意分享给别人，这样的一两句话就叫作金句。

在演讲过程中，打造这样易于传播的金句，可以给整场演讲增色不少，使得文字更容易击中听众的内心，拉近与听众的距离，从而获得好评与认可。

假设你现在写好了一篇演讲稿，主题是高敏感人格的优势，马上就要上台演讲了，但是读完你觉得内容有些寡淡，缺乏一些亮眼的金句。要知道，演讲高手都是靠金句走红的。很多时候，一次成功的演讲的核心就在于有一个利于传播的金句。

问题是，这种金句怎么写出来？有什么方法可以帮助我们提升创作金句的能力呢？接下来，让 ChatGPT 来策划一些金句！

▶ 第一次交流：提供演讲金句

提问关键词：主题 + 学习畅销书 + 模仿并创作金句

你好，我现在要写一篇关于高敏感人格优势的演讲稿，由于内容比较平淡，希望你学习一些畅销书的名言金句，借鉴其风格给出你原创的金句。

当然！以下是几个关于高敏感人格优势的模仿金句。

1. "高敏感人格并不是我们所谓的'容易受伤'，而是一座宝藏，让我们更加细腻地感受世界的美好。"

2. "在喧嚣的社会中，高敏感人格者能够以敏锐的洞察力看到世界中被忽略的珍贵瞬间，赋予生活更多的灵感和情感价值。"

3. "高敏感人格者拥有与众不同的能力，他们能够深入感知事物的细微差别，用心体验每个特殊瞬间。"

4. "高敏感人格者更容易理解他人的情感，这使得他们在人际交往中表现出卓越的倾听力和共情能力。"

5. "高敏感人格者擅长观察与分析，对于细节的敏感性使他们能够更加全面、准确地理解事物的本质，并做出更明智的决策。"

6. "高敏感人格者具有独特的对艺术和文学的共鸣，他们善于倾听自己内心的声音，将情感融入创作之中，创造出令人动容的艺术作品。"

希望这些金句能够满足你的需求，祝你写作顺利！

注意，我们在打造金句的过程中，可以让 ChatGPT 注明金句来源，避免侵犯别人的版权。同时，注意对 ChatGPT 给出的来源进行鉴别。

▶ 第二次交流：金句的写作方法与技巧

提问关键词：金句方法技巧 + 结合案例说明

好的，那么有什么方法与技巧，可以让我更容易地写出富有创意的金句？请结合具体的案例说明。

写出有创意的金句需要一定的创新思维，下面是一些方法和技巧。

1. 联想：从现实生活中或其他经验中提取相关的概念和经验，进而将它们联系在一起，进行重新组合。例如："抛开地心引力，我就是一只自由飞翔的鸟儿。"

2. 比喻：将不同的事物之间的共性与区别相互映射，借助一个事物的特点、属性、特质去解释另外一个事物。例如："你的思想就像一张画布，你可以自由选取颜色和描绘方式。"

3. 反讽：用反着说的话去进行描述和比喻，通常在表达违反了常规预期的情境或人物行为时使用。例如："我们每天的奋斗，就像一场从早到晚的审判。"

4. 闪念：有时随意的思维冲击，可以得到更为富有感染力的金句。例如："流淌的时间究竟是未来的期望还是过去的回忆？我们唯一确定的是，这个瞬间是属于我们的。"

以上方法虽然可以帮助我们写出更具创意的金句，但切记要把握好度，不要铺张、太过抽象或陷入大而空的表达误区。

我们可以把这些金句记录下来，收录在自己的资料库，以后写演讲稿的时候就可以参考。最后，我们让 ChatGPT 帮我们总结一份金句的格式，以后直接套用就可以啦！

▶ 第三次交流：总结金句的格式并以表格形式输出

提问关键词：金句格式 + 结合案例给出分析 + 表格输出

你好，请帮我分析金句格式，并结合案例给出分析，以表格形式进行输出。

金句常用的格式有以下这些。

对比句型
案例：成功并非偶然，它是努力和汗水的结晶。

引用句型
案例：人生没有彩排，每一天都是现场直播。

反问句型
案例：你们以为我是个容易被打倒的人吗？

并列句式
案例：奋斗不是权宜之计，幸福也不是天赐之物。

推论句型
案例：没有付出就没有收获。

比喻句型
案例：书是心灵的明镜。

以下是按照表格形式整理的金句分析示例。

句子格式	示例
对比句型	成功并非偶然，它是努力和汗水的结晶。
引用句型	人生没有彩排，每一天都是现场直播。
反问句型	你们以为我是个容易被打倒的人吗？
并列句式	奋斗不是权宜之计，幸福也不是天赐之物。
推论句型	没有付出就没有收获。
比喻句型	书是心灵的明镜。

　　通过对句式的拆解，我们可以更好地理解金句的结构，这样掌握起来会更加高效。如果你想要写出更加吸睛的金句，一定要加强训练，直到有一天可以脱口而出。

5.5 迭代文案的技巧

对于一篇完整的演讲稿来说，不断迭代也是非常重要的步骤，很多高手都会一遍遍修改自己的演讲稿，直到上台。

我就曾经遇到这样一个客户，一位企业家发来他的创业故事，希望我帮他修改一下，到了活动那一天，这位企业家要在舞台上进行 3 分钟的脱稿演讲，台下坐着他的客户、员工、朋友和家人，因此这次演讲对他来说很重要。

这样的任务，以前需要找专业的作者帮忙润色，但是现在我们交给 ChatGPT 就可以快速搞定。接下来我们就一起来见证奇迹吧！

现在来举个例子。

背景：95 后女生，来自广东三线城市，会计专业，花了五年时间，从上班族变成职业作家。

▶ 第一次交流：优化演讲文稿

提问关键词：提供原文 + 优化文案 + 语言和情节要求

> "我是一个 95 后女生，我叫苏乐。我来自广东一个三线小城市，在学校读的是会计专业，但是我花了五年多的时间，把自己从一名 IT 上班族变成一名职业作家。其间我经历了很多挑战，比如写文章投稿被拒，发出去的文章没多少阅读量，客户觉得我们报价太高，团队招不到满意的合作伙伴，担心自己的自由职业生涯无法长久坚持，还遭到了家人的反对和质疑。创业是辛苦的，但是热爱可以让一个人心无旁骛地走下去，因为找到了我的热爱、优势和市场，我在写作这条路上深耕五年，从一个人发展为一个团队，从一个业余选手成长为被读者认可的职业作家，从一个需要自己招生的培训老师成长为平台赋能的证书培训老师，从一个连微博都不会玩的人到全网拥有几十万粉丝……"
>
> 请你帮我把这段自我介绍优化一下，语言要更加灵动优美，逻辑通顺，情节有反转且富有冲击力。

你好，苏小姐。看到你的经历，我为你感到骄傲和欣慰。以下是一个优化后的自我介绍。

我，苏乐，来自广东一个小城市。在大学，我学习了会计专业，但是，对于写作的浓厚兴趣让我决心转型成为一名职业作家。

然而，这并不是一条光明大道。我面临了太多挑战，如文章被拒绝、阅读量低、客户反馈报价过高、招募团队伙伴时遇到困难，甚至还有对自由职业生涯的种种担忧。其中，我担心自己是否可以持续做下去，同时遭受了家人的反对和质疑。虽然创业是辛苦的，但是我的热爱驱使着我一直走下去。

在自我寻找中，我找到了自己的优势和市场。经过五年的深耕，我已从一名单打独斗的职业作家发展成为一个拥有团队并被读者认可的职业作家。这里要感谢平台的赋能，让我成长为一名拥有几十万粉丝的培训老师。

现在回首往事，我由衷地认为坚定的信念和热爱是成功的关键，可以支撑我们克服各种挫折，甚至将困难本身当成一种乐趣，而不是障碍。我将继续努力，书写属于我的辉煌篇章。

ChatGPT 做出了哪些修改？

首先，增加了一些观点和金句的描述，比如结尾的"回首往事……"；其次，完善表达结构，比较明显的是正文的第二、第三段，开头都有一个总结性的句子引领全段，而原文是没有的，这样做的好处是能够简洁明了地点明主题，让读者一目了然，也让结构更为分明；最后，在结尾亮出了自己的态度和立场，用一种不容置疑的态度升华了主题。总的来说，通过迭代，原来的文章变得更有逻辑了，演讲的时候也更容易抓住段落之间的联系，知道自己要先说什么，再说什么，方便我们记忆和表达。

当然，对于专业创作者来说，这样的文案，可能达不到他们认为的高水准。没关系，我们还可以继续优化。

▶ 第二次交流：学习作家风格升级文案

提问关键词：指出问题 + 学习某个作家的文风 + 升级文案

感觉内容表达上还不是很优美，细节也不够饱满，可以学习作家老舍的文风，帮我再升级一下文案吗？

好的，让我来运用作家老舍的文风，为您升级文案吧。

尊敬的朋友，

我是苏乐，一位 95 后的女子，身处于广东三线小城市，在攻读会计学位时便悟出自己的热情和才华无法在会计这个行业得到充分的发挥。

刚开始步入职场，众多的绊脚石曾令我陷入迷茫，遭遇稿件被拒、磕磕绊绊的阅读量、不如意的报价和难以寻觅到优秀合作伙伴等难题。为此，也曾面对难以避免的最终问题 —— 如何长远发展。亲人的反对与质疑更是挥之不去的重压，将梦想遮压得朦胧无明。

在经受诸多磨难后，我清楚地了解到探寻所爱之业时不断发现自身优势与市场机缘的重要性。五年岁月的波折与沉淀，将一个孤单却忠诚坚守的职业作者逐渐锤炼为业界有威望的佼佼者。

如今，坚定的信念与满怀的热爱已经成为推动我超越自身极限的重要动力。尽管困难重重，但这些精神支柱仍不断地促使我继续向前。在此，我真挚感谢您见证我的蜕变，并衷心期待能够与您共同分享持续前行的甘苦，牢记自己的初衷，我们共同期待未来绽放光彩。

这段文案的升级体现在哪？

显而易见的是文采更好了。首先，这篇文案的语言风格凝练、朴实，符合老舍先生那种雅俗共赏、平易近人的写作风格。其次，这篇文案突出了一种情绪的流动，比如陷入迷茫，挥之不去的重压，将一个孤单却忠诚坚守的职业作者逐渐锤炼为业界有威望的佼佼者。这些句子能够让人感同身受，体会到作者的心情变化，有一种守得云开见月明的豁然之感，也进一步体现了作者追梦路上的不易和坚守。

那么，不如让 ChatGPT 总结一下老舍先生的文风特点，并提供一些有价值的参考经验吧。

▶ 第三次交流：总结作家风格并给出建议

提问关键词：作家风格的体现 + 学习建议

老舍先生的文风是如何体现出来的？普通人如何学习这种风格？请从文案迭代的角度给我一些建议。

老舍先生的文风主要体现在以下几个方面。

1. 简练而富有深意：他能够用简洁的句子表达丰富的情感和意境。在他的作品中，往往能发现一些具有象征意义的意象，以及对人性和社会问题的深入思考。普通人学习这种风格可以去繁就简，尽量用简练的语言准确地表达自己的观点。

2. 生动而细腻：老舍擅长通过细节描写来刻画人物，使得他的作品充满生动感和真实感。普通人学习这种风格时，可以注重观察和体验生活中的琐碎细节，用细腻的语言将其描述出来。

3. 幽默而讽刺：老舍的作品常常带有幽默和讽刺的色彩，用轻松的语言传达深刻的思想和批判。普通人学习这种风格时，可以注重对社会、人性等问题进行观察和思考，运用幽默和讽刺的手法来表达自己的见解。

从文案迭代的角度给学习老舍文风的建议，可以包括以下几点。

1. 深入研究老舍先生的作品，包括小说、话剧等不同类型的作品。通过分析他的作品结构、人物塑造方法、语言运用等，感受其文风的特点。

2. 在写作过程中，注重语言的简练和准确表达。通过反复修改和打磨，剔除冗余的词语和句子，使文章更加简洁有力。

3. 学会观察和体验生活中的细节，善于用细腻的语言来描绘人物、情感和环境。可以尝试以日记、随笔等形式进行写作练习，锻炼对细节的观察和表达能力。

4. 学会在看待社会和生活中的问题时保持一定的距离感，并用幽默和讽刺的手法来表达自己的观点。可以多读一些幽默和讽刺的作品，培养自己的幽默感和批判思维。

总之，学习老舍文风需要深入研究和不断实践，提高自己的写作技巧，锻炼自己的思维方式。不同的人对同一件事可能会有不同的理解和表达，因此应根据自己的特点和风格，结合个人创作经验，形成独特的文风。

ChatGPT 总结了老舍先生的写作特点，并给我们提供了一些学习建议。类似写日记，培养批判思维和反复打磨文稿，具备一定的实操性。

到这里为止，我们已经基本知道如何写出完整的演讲稿。接下来我们一起来学习具体的演讲训练方法，从写到说，帮助你变成一个有多重潜力的职场选手。

5.6 演讲训练技巧与规划

　　所谓方法大于努力，在练习演讲的过程中，如果我们掌握一些方法，便可以事半功倍。前面我们介绍了演讲稿的写作方法，接下来，我们一起来学习演讲发声的技巧！

　　在职场生活中，我们经常会用到演讲，小到一次会议发言，大到参加一场正式的比赛，都是一种演讲。而你有没有发现，那些专业的主持人发声总是非常动听，富有磁性，能够轻易带动全场的氛围；而我们的发声却很沙哑、干涩。我们要如何练习，才能拥有专业主播的声音魅力？

　　ChatGPT 不但可以帮我们润色演讲稿，还可以帮我们优化发音技巧和演讲方式，帮助我们从演讲新手成长为高手。

　　假设你是一个演讲新手，平时说话总是容易紧张，你希望提升声音的魅力，让自己的演讲达到声情并茂的效果，就可向 ChatGPT 寻求帮助。

▶ 第一次交流：学习发音技巧

提问关键词：指出痛点 + 发音技巧

 你好，我是一名演讲新手，演讲的时候容易紧张，声音也发涩嘶哑，请问有什么发音技巧可以分享给我吗？

 您好，作为演讲者，在演讲过程中保持清晰、流畅的发音非常重要。以下是一些可以帮助您改善发音的技巧。

　　1. 锻炼口腔肌肉：口腔肌肉是发音的关键部位，可以通过练习来锻炼它们，如可以独自朗读稿件或者大声朗读英文课文等。

　　2. 进行声带保健：慢跑、唱歌、哼哼小调等都能够起到锻炼声带和调整气息的作用。同时，尽量避免吃辛辣食品、吸烟等会刺激喉部的行为。

　　3. 增强自信：紧张、焦虑容易影响发音质量，因此要学会放松自己，增强自信。可以通过反复练习演讲和积极参加社交活动等方式来提高个人自信度。

　　4. 保持正常呼吸：正常呼吸对于保持流畅的发声非常重要，每次演讲前可以通过深呼吸来放松身心，达到放松肌肉和调整呼吸的目的。

　　希望以上几点对您有所帮助，祝您在未来的演讲中呈现最佳的状态。

下一次，我们在演讲之前，就可以使用这些技巧来放松声带，改善我们的发音方式，提升声音的魅力，从而让我们的演讲更受欢迎。

▶ 第二次交流：朗诵技巧

提问关键词：演讲朗诵 + 发音 + 注意事项

> 那么，演讲过程中我要增加一些朗诵，请问发音上有什么要注意的吗？

在演讲中增加朗诵，为了让听众更好地理解和感受您想要表达的情感，需要注意以下几点。

1. 注重正确的发音：朗诵需要注意准确地发音，因为读错或念错一个单词，可能会导致意义完全不同，影响您的演讲效果。因此一定要通过阅读练习来锻炼自己的语感。

2. 强调关键词：通过优化语言节奏来突出段落中的关键词，提升语言的感染力。可以通过学习韵律节奏，在文章关键位置上打上重点和暂停标记。

3. 注意调节音量：在朗诵时，可以随着文章的内容变化，适当调整音量的大小，如果朗诵内容较长，可以采用远近转换、高低起伏等方法朗读更有层次感。

4. 感情真挚自然：自然真挚的感情是使朗诵具有艺术美感并令听众产生共鸣的关键要素，应尝试以自己喜欢的方式去表达情感，向听众传达自己的感情和态度，让演讲更加生动、真实。

希望以上几点对您提升朗诵技巧有所帮助。

ChatGPT 为我们指出了朗诵的要点，强调张弛有度，突出重点。这样我们在朗诵的时候，就可以更好地做到主次分明，用声音表达情感与故事的变化。

关于发音的原理，我们也可以进行深入的了解，以帮助我们更好地学习演讲。

▶ 第三次交流：了解腹部发声的原理并寻求具体方法

提问关键词：腹部发声原理 + 具体训练方法

> 我经常听说演讲要用腹部发声，请问这个原理是什么？有什么具体的训练方法吗？

腹部发声的原理是，通过调动腹部肌肉来控制和调节呼吸，呼吸从腹部开始而不是胸部，使肺部充分扩张，从而提供更多的气流和气压，使声音更饱满有力。

　　这样的发声方式比较稳定且不易疲劳，能够使得演讲者在演讲时具有很好的发声效果。

　　以下是一些常见的训练方法。

　　1. 腹式呼吸法：通过深呼吸的方式调整呼吸节奏，增强肺功能，锻炼腹肌和横膈膜。可以尝试睡前或早晨起床时进行，每次 10 分钟左右，锻炼效果更佳。

　　2. 发出"啊""呃"等声音：发出这些音可以使声音更自然、开阔，也可以帮助练习腹部发声。可以在空旷的室外、自己的房间或专门的声音训练室进行练习。需注意发声过程中身体的放松和手部、臀部、腰部等部位的协调，以达到最佳发声效果。

　　3. 通过歌唱练习：歌唱也是非常好的练习方式，能够让人更快地了解腹式呼吸和腹部发声的要领。可以选择自己喜欢的歌曲，在十分放松的情况下，用全身肌肉力气发出深沉又明亮的声音，在演唱过程中不断纠正自己的发音。

　　4. 寻求专业指导：如果需要更系统、规范化的训练，可以寻求专业的声乐指导。

　　关于腹部发声的原理 ChatGPT 给出了清晰的介绍，对于训练方法，ChatGPT 也给出了非常具体、可操作性强的建议，方便我们找到适合自己的训练方式。

▶ 第四次交流：规划一周训练安排

提问关键词：总结演讲训练安排 + 时间周期

👤　　请根据上文的发音技巧和注意事项，帮我总结一份演讲训练安排，时间为一周。

　　当然可以！以下是一个演讲训练的日常安排，建议把每天的练习时间控制在 1~2 小时，这样才能够保证取得良好的效果。

第一天
– 发出"啊""呃"等声音来调整喉咙发音。
– 在空旷的地方深呼吸 2~3 分钟，通过腹式呼吸练习呼吸节奏。
– 听语音素材，并反复模仿，使发音更流畅。
– 听新闻并尝试跟读。

第二天
– 用铅笔或其他小器具进行口舌运动练习，有助于减少发音时的噪声和亚音。

－ 尝试唱歌，并尽量按照歌曲的要求发声。重复多次后，切换不同的歌曲与歌唱技巧加以对比。

－ 阅读一些幽默段子，学习如何展现自己的机智和幽默感。

第三天

－ 看电视剧片段，模仿演员的口型和发音，尝试表达反传达、暗示等情境化动机或状态变化。

－ 练习简短的自我介绍和自己擅长的话题表达。

第四天

－ 通过朗读故事来打磨自己讲述事情的节奏。

－ 根据一些实际场景进行模拟训练，如抱怨、恼怒、不满等，练习口语技巧。

第五天

－ 看一些情绪强的电影，学习使用身体语言和语气调控来传递情感、强调重点和引导话题。

第六条

－ 听一些重要人物的演讲，并尝试用不同的声音去表达不同的内容，注意情绪和停顿。

－ 阅读专著，并尝试寻找其中更加隐晦的意义，加深阅读和理解的功底。

第七条

－ 使用电脑和麦克风进行在线语音练习，帮助自己纠正发音。

这份一周训练安排很专业，不仅穿插了多样化的训练方式，而且都是日常化的练习，比如唱歌、看影视作品、阅读专著等，降低了演讲训练的门槛，也高效利用了我们的日常时间。

▶ 第五次交流：把训练安排整理为表格形式

提问关键词思路：整理演讲训练 + 表格形式

请结合上文，帮我把为期一周的演讲训练安排整理成表格形式。

好的，以下是一周的训练安排日程表格。

日期	活动
第一天	听语言素材，模拟发声，锻炼呼吸节奏，调整发音
第二天	进行口舌运动练习，唱歌，阅读幽默段子锻炼幽默感
第三天	看电视剧片段并模仿演员口型、发音，练习简短表达

日期	活动
第四天	根据情景练习口语技巧，打磨节奏
第五天	学习用肢体语言和语气调控传递情感、强调重点、引导话题
第六天	听演讲学习表达，读专著加深阅读与理解功底
第七天	进行在线练习查漏补缺

希望这个表格对你有所帮助。

文字内容可以作为文档保存到电脑，方便我们随时查看，并根据建议进行练习；而表格则抓取了关键字，更为简洁突出，可以给我们关键提示，让我们看一眼就知道今天要做什么。

5.7 演讲路上的加油包

练习演讲非一日之功，很多朋友都会有坚持不下去的时候。如果有一个人为我们加油打气，相信我们会有很大的动力。ChatGPT 可以充当这个角色，给我们建议的同时，又以鼓励的方式变成我们的啦啦队！

柒柒最近就遇到这样的情况，为了提升自己的口才与社交能力，她已经学习演讲半个月了，进步依然缓慢，中途好几次都想放弃。

其实柒柒知道这个过程必然是艰苦的，也早就做了心理准备，然而她还是希望在每次遇到挫折的时候，有人可以及时给她一些鼓励。这样她就有了继续加油的动力。后来她听说 ChatGPT 可以和人类进行交流，还可以扮演角色，于是她灵机一动：要不，就找 ChatGPT 进行一对一的交流吧！这样既不怕打扰别人，又能让自己得到一些心理安慰。

▶ 第一次交流：挫折时的鼓励

提问关键词：介绍背景 + 指出痛点 + 描述心情 + 提供鼓励

> 你好，我是柒柒，我最近在练习演讲，每天早上七点起床对着镜子练习发音和肢体管理，但是进步不明显，我感到非常挫败，你可以给我一点鼓励吗？

当你感到挫败时，千万不要气馁，因为成功路上充满挑战和困难。坚持每天早上七点起床对着镜子练习发音和肢体控制是一个非常好的开始，这表明你已经在正确的方向上行进，只需要更多的时间和努力。

　　每个人都需要一定的时间才能进步。所以，请不要过分关注进步速度，而是要专注于坚持每天的训练。并且，请记住，无论你遇到什么情况，重要的是保持自信和积极的心态。

　　在学习演讲的道路上，坚韧、毅力和耐性是至关重要的。即使没有显著的进步，只要你在不断地学习和努力，最终一定会获得成功。加油！

　　ChatGPT 非常友善地给出了关怀与鼓励，让人听完觉得心情好多了。接下来，听听 ChatGPT 有什么小技巧吧！

▶ 第二次交流：提升演讲信心的方法和技巧

提问关键词：寻求方法

　　请问有什么方法和小技巧可以提升我的演讲信心呢？

　　增强演讲信心的方法有很多，以下是一些小技巧，可能会对你有所帮助。

　　1. 充分准备：充分准备可以提高自信心，因为你需要了解演讲主题、目标和受众等方面。做好演讲的准备工作可能需要更多的时间和精力，但确实有一种"预习即练习"的效果。

　　2. 多次练习：只有不断练习才能达到信心倍增的效果。练习可以让你更好地掌握演讲内容和流程，并在演讲前放松身心和做好准备。

　　3. 认真关注观众的反应：可以给你带来很多反馈，这有助于确定你的表现是否有效并及时调整你的演讲技巧。观众的态度和反应通常会对你的信心产生巨大的影响。

　　4. 着装得体：得体的衣服可以增加自信心和专业感。所以，在演讲之前，你应该挑选舒适整洁且得体的衣服。

　　5. 培养积极的心态：对自己有信心是成功的关键。通过培养积极的心态和自信心，你可以消除紧张和不安，并放松自己的身心。

　　总之，为了增强演讲的信心，你需要给自己留下更多的时间和空间，同时采用行之有效的技巧。通过不断练习和学习，在演讲过程中保持放松、自信和愉悦的状态，最终你会取得令人惊讶的进步。

看完这些建议，柒柒觉得自己还有很大的进步空间。例如，改变着装就是她以前没有想过的。我们经常看到，很多成功的演讲人士都会特意打扮一番，男士通常穿一套得体的西装，女士一般会穿职业套装，整个人从头到脚透着一股强大的气场。柒柒心想："我都是穿着睡衣在训练，难怪整个人完全没气势！总是练不出自己想要的那种感觉，下一次可要认真改进一下。"

▶ 第三次交流：提升演讲激情

提问关键词：指出痛点 + 提升激情

 好的，不过训练的时候我感觉很没激情，请问如何提升我的演讲激情呢？

 如果你感觉训练时缺乏激情，以下是一些可以提高演讲技巧和信心的方法。

1. 采取不同的训练方法：有时候，人们感到缺少激情或缺少动力是因为他们采用了过于单调的训练方法。尝试使用多种训练方法，如独立训练、与他人合作进行训练或参加集中培训等方式，看看哪种方式适合自己。

2. 关注观众：积极关注你的观众并理解他们的需求和期望，这有助于让你更快地投入演讲中，同时更好地理解演讲主题。

3. 练习：练习是提高演讲技能和信心的关键，因此要充分准备，并进行多次练习和反复测试。

4. 记忆口令：在练习讲话时，发现难以维持状态或难以记住演讲内容时，尝试使用记忆口令来帮助记忆和表达。

5. 管理情绪：情绪管理是一个重要的技能，在演讲之前调整呼吸，积极思考，缓解紧张情绪，可以帮助自己提升演讲表现力。

注意，演讲技巧是需要练习的，所以要保持耐心并持之以恒。给自己充分的时间，通过尝试不同的训练方法来提高自己的演讲技能和信心，让演讲更有激情。

看到这里，柒柒有种豁然开朗的感觉，她觉得自己总算找到老师了，因为这些建议比她之前找的老师还专业，而且有问必答。

之前柒柒听老师说，可以通过编写口令来帮助记忆演讲内容，从而实现脱稿演讲的目的，她想知道具体怎么做。

▶ 第四次交流：结合案例编写口令

提问关键词：记忆口令 + 举例说明

 请问记忆口令怎么编写？可以举个例子让我了解一下吗？

记忆口诀是一种帮助你记住演讲内容的技巧。下面是一个例子，演示如何使用记忆口诀来记住一个名称列表。

1. 列出要记住的名称列表。

2. 查找每个名称的首字母，并将其排列在一起，以形成一个新的和易于记忆的单词。

3. 将这个新单词转化为一个简单的句子或短语。

例如，如果我们想记住 Jim、Amy、Sally 和 Harry 四个名字，我们可以按以下方式进行。

1. Jim、Amy、Sally、Harry。
2. 将首字母拼接成 "JASH"。
3. 记得这个新的组合 JASH。

有时候，一个记忆口令可能无法完全涵盖所有需要记忆的内容，但它可以作为一种辅助手段。在演讲过程中，通过回忆这些口诀来提醒自己演讲内容的重点，有助于更准确地表达。

ChatGPT 提供的这种记忆方式就是进行组合联想。

这样的例子其实在很多领域都非常普遍。例如，管理领域的重要工具戴明环（PDCA 循环）这个名称，就是把 Plan（计划）、Do（执行）、Check（检查）和 Act/Action（处理）四个阶段的英文首字母提取出来，重新组合为 PDCA。这样的方式既容易记忆，又简化了信息，方便传播和扩散。

对于一次完整的演讲来说，写演讲稿是第一步，这个过程可以帮我们梳理演讲主题，厘清表达思路；其次才是站在舞台上分享你的观点，发出你的声音。写和讲两个部分双管齐下，我们才能在演讲台上绽放异彩。

06

ChatGPT 是公司活动的策划师

团队活动是企业文化的重要组成部分。经常组织团队活动的公司，一定是更注重全员协作，也更愿意为员工投资的公司。像谷歌这样的知名公司，会定期举行团建活动，例如，获得里程碑式的成绩，或者周年纪念日，谷歌公司都会举办一些具有仪式感的活动，组织员工一起玩游戏，进行社交聚会等，从而使员工之间打破陌生感，促进跨部门的合作。

团建活动一方面可以提升团队的凝聚力，促进员工或上下级的关系升温；另一方面，也可以加强员工对公司的归属感和认同感。如果在公司每天只有工作，而从来没有娱乐和放松，我相信员工很难爱上这样的工作。

然而对于活动的策划人来说，这可不是一件容易的事情。毕竟职场的主力军是年轻人，他们对唱歌、吃烧烤、公司聚餐等缺乏新意的活动早已麻木，甚至都不想参加。另外，如何控制好成本，不至于让团队活动变成公司的负担，也是一门大学问。

如果你经常为策划团队活动感到头痛，那么你可以选择让 ChatGPT 当你的帮手。它不仅可以帮你控制成本，还能为你提供脑洞大开的活动创意。

ChatGPT

6.1 团建方案与策划

团建活动由来已久，随着时代的发展，如今它不再局限于线下活动，而是有了许多线上新玩法。携程还特意开发了一款"云团建"产品，顾名思义就是帮助员工在远程工作的状态下，通过互联网"远程团建"，提升员工在公司里的参与感和存在感。

那么到底如何安排一些既好玩又能促进互动，同时成本又不太高的团建活动，这就需要动脑筋了。

这个难题，我们照样交给 ChatGPT 吧。

假设你现在就职于广州一家 IT 公司，马上就要国庆了，领导让你安排一些团建活动，希望促进员工的交流。这时候你怎么办？除了唱歌、聚餐、旅行，还能干什么呢？

▶ 第一次交流：寻求团建建议

提问关键词：交代背景 + 节日 + 团建活动 + 寻求建议

你好，我们是广州一家 IT 公司，马上要国庆节了，公司打算带团队来一次精彩的团建活动，请问你有什么好建议吗？

你好！关于公司团建活动，我可以提供以下几点建议。

1. 确定团建目的和内容：在确定团建活动前，需要先明确团建的目的和内容，如是增强团队凝聚力，还是促进员工之间的沟通交流等。

2. 选择合适的地点：根据活动内容和预算，选择一个合适的地点进行团建。可以考虑城市周边的景区、酒店或者农家乐等。

3. 安排多样化的活动：团建需要安排多样化的活动来增强员工之间的互动和交流。可以考虑团队拓展、户外运动、趣味游戏、文化体验等。

4. 注意安全和保障：在进行团建活动时，必须确保员工的人身安全，比如野外活动中要做好防晒、防蚊等措施。

5. 合理分工与统筹：在策划及设计团建活动时，要合理分工，组织时注意各项活动的时序，以及财务、食宿等事宜的统筹规划。

希望以上建议能对您有所帮助，祝您的团建活动圆满成功！

这些建议不太实用，没什么新鲜内容。接下来我们给 ChatGPT 更具体的信息，让它帮我们想想办法！

▶ 第二次交流：按照实际人数和预算给出具体的团建建议
提问关键词：成员结构 + 工作特点 + 人数描述 + 具体预算

 好的，我们公司年轻男生比较多，大家平时的脑力工作非常繁重，国庆节我需要组织 20 个员工进行团建，预算在 1.5 万元左右，请给我一些具体可行的建议。

针对年轻男生，高强度的团队拓展项目和户外活动是比较受欢迎的。根据您提供的预算，以下是一些可行的建议。

1. 拓展项目：可以选择限时完成任务的项目，如越障、轮胎翻转、垒球比赛等。这样既可以锻炼团队的协作能力，也可以挑战个人极限。

2. 户外运动：可以考虑一些户外运动项目，如攀岩、漂流、高空滑索等，这需要勇气和配合，能够增强员工之间的信任感和默契度。

3. 主题派对：可以给员工提供一个娱乐和放松的环境，增强员工之间的交流和互动，如创意主题化装舞会、摇滚音乐派对等。

4. 多人游戏：以家庭角色为原型的团队游戏或篮球赛等竞技比赛，让员工以团队为单位进行对抗，增加团队凝聚力和团队合作精神。

5. 员工体验：为员工提供一些文化体验或者科技体验，比如 VR 虚拟现实体验、手工 DIY、厨艺比赛等，这些活动可以让大家体验一些平时不会接触的新奇事物。

总之，建议根据公司员工的喜好和特长选取合适的活动，确保所有活动在安全有保障的情况下顺利进行。祝您的团建活动成功！

在寻求团建方案的过程中，交代清楚具体信息是非常关键的。不同的人员结构，与之匹配的方案可能千差万别。例如，如果公司大部分是女生或 IT 男，对应的方案就有很大的不同。男生可能普遍对运动、科技、竞赛类活动比较感兴趣，但是女生就不一定了。通常来说，女生对插花、美食等更加感兴趣。

这里 ChatGPT 给的团建建议基本符合男生的兴趣点，成本也不会太高，在一线城市有很多场地可选，总体来说是不错的选择。

其中，"轮胎翻转"我从来没听说过，我们不妨来了解一下这个活动怎么玩！

▶ 第三次交流：具体的团建内容介绍

提问关键词：团建内容 + 具体介绍

 你好，团建项目中，轮胎翻转是怎么玩的，可以具体讲讲吗？这个活动的起源和价值是什么？

 你好！轮胎翻转是一种常见的团建活动，它可以锻炼团队合作和沟通协调能力，培养团队成员间的信任和默契。下面是轮胎翻转的具体玩法和活动价值介绍。

1. 游戏规则

参与的团队成员需要以固定的队形（通常是一个圆形或长方形）围绕一个轮胎，然后将轮胎由队伍的一个端点传递到另一个端点，通常是通过团队成员将手伸入轮胎中，用手臂的力量将轮胎尽快、高效地翻转，并确保轮胎不滑落。

2. 活动的起源

轮胎翻转游戏常被应用于户外训练，其起源较难考证。而在团建活动中，轮胎翻转被设计为一项有趣而具有挑战性的团队互动，旨在促进团队成员之间的合作、沟通和团结。

3. 活动的价值

– 加强团队合作：轮胎翻转需要团队成员密切协作，通过相互配合完成任务，从而增强团队的合作能力。

– 培养提高沟通协调能力：参与者需要在翻转过程中保持良好的沟通与协作，学会倾听他人的建议，提供有效的反馈，提高团队的沟通和协作能力。

– 培养信任和默契：团队成员需要相互依靠和信任，只有通过紧密合作才能成功完成任务，这将促进团队成员之间的信任和默契关系的建立。

– 强化团队意识：通过共同面对挑战，团队成员将更能意识到彼此存在的意义和价值，进一步增强集体荣誉感和凝聚力。

综上所述，轮胎翻转作为团建活动，不仅可以提升团队的协作能力和沟通协调能力，还能够培养团队成员之间的信任和默契，加强团队的凝聚力和合作意识。

听起来还蛮有意思的，但是这个活动属于体力竞赛，活动过程中可能会遇到安全问题，要是造成参与者受伤就不好了，如何规避这个问题呢？

▶ 第四次交流：寻求规避风险的方案

提问关键词：保证安全

 听起来还蛮有意思的，但是如何保证参与者的安全呢？

确保参与者的安全是任何团建活动的首要任务。在轮胎翻转游戏中，以下措施有助于保障参与者的安全。

　　1. 提供必要的安全指导：在活动开始之前，组织者应向参与者提供必要的安全指导，解释游戏规则、操作注意事项和关键的安全提示。

　　2. 确保场地安全：选择一个平坦且没有尖锐物的场地以减少意外摔倒或被绊倒的风险。

　　3. 明确责任分工：指派一位负责人来监督游戏过程，确保所有参与者理解自己的角色和职责。这个负责人应具备急救知识并能及时应对紧急情况。

　　4. 适当的队伍规模：根据轮胎的尺寸和重量，合理安排参与者的数量，避免因为人数过多或过少出现安全问题。

　　5. 预防受伤措施：鼓励参与者提前适当热身，预防拉伤等运动伤害。活动中参与者应该迅速报告任何不适或伤痛感，以便及时处理。

　　6. 遵循安全操作程序：确保参与者正确使用手部力量进行轮胎翻转，避免用力过猛造成手臂扭伤等伤害。同时，在传递轮胎时注意稳定性，避免轮胎滑落或碰撞到其他人。

　　7. 急救准备：组织方应提供基本的急救设备和医疗援助的联系方式，以应对可能发生的意外事故。

　　通过以上措施，可以最大限度地降低轮胎翻转活动中的安全风险，确保参与者在欢乐的氛围中享受活动而无须担忧自身安全问题。

　　值得注意的是，对于没有经过专业训练的参与者来说，选择重量与体积适中的轮胎非常重要。

　　目前国内很多幼儿园也在开展儿童轮胎翻转活动，让儿童在特定的跑道上把轮胎翻转到指定的地点，目的就是提升儿童的身体素质与合作意识，那么成年人只要选择合适的道具当然也没问题。既然安全问题可以避免，这个活动就有了实操空间。接下来，我们让 ChatGPT 继续优化活动方案。

▶ 第五次交流：增加轮胎翻转活动的丰富性

提问关键词：锁定主题 + 提出想法 + 寻求建议

　　好的，我觉得这个活动值得一试，但是希望增加更多的互动环节，不然只有轮胎翻转显得有些单调，你有什么好的建议？

　　对于增加轮胎翻转活动的互动环节，我有几个建议。

　　1. 引入障碍物：可以在接力赛道上设置一些障碍物，比如障碍桶、低墙或者铁丝网等，参与者需要通过跳过或翻过障碍物来完成接力，这样可以增加活动的趣味性和挑战性，让参与者更加投入。

2. 设计技能挑战：除了纯粹的力量和速度，可以增加一些技能挑战环节，比如平衡木、绳子架等。参与者在通过障碍物时需要展现出一定的技巧和灵活性，这样可以使游戏更具策略性和协作性。

3. 增加团队合作元素：可以设置多个轮胎接力点，在接力过程中，参与者需要紧密合作、分工合作，确保轮胎顺利传递到下一个接力点。可以通过设定规则，如每个接力点只能由特定的队员来进行传递，从而增强团队间的协作和配合。

4. 创新赛道布置：可以设计不同形状和长度的赛道，增加难度和变化。参与者需要适应不同的赛道布置，灵活应对，从而增强比赛的刺激性和挑战性。

5. 激励机制：为了增强参与者的积极性和竞争意识，可以设立奖励机制，如设置最佳团队奖、最佳个人奖等。这样可以激发参与者的斗志，增强活动的吸引力。

经过优化，轮胎翻转的活动就变得没那么单调了，明显增加了难度和挑战性。与此同时，也设置了相应的奖品，让这个活动多了一些竞赛的味道，相信可以给参与者带来更强烈的参与感。

既然这个方案已经完整了，接下来我们就让 ChatGPT 帮我们总结一个可操作的具体的团建方案吧。

▶ 第六次交流：生成具体的团建方案

提问关键词：总结方案 + 具体要求

可以结合之前的提问，从安全管理、组织流程和实操步骤，帮我总结一个主题为轮胎翻转的团建方案吗？内容尽量简洁。

当然可以！以下是一个关于轮胎翻转的团建方案，包括安全管理、组织流程和实操步骤。

主题：轮胎翻转团建活动

一、安全管理

1. 确保参与活动的所有成员理解并遵守所有安全规定。

2. 提前评估场地和设备的安全性，防止意外事故发生。

3. 分配专门的安全人员，实时注意活动期间的安全情况。

二、组织流程

1. 将参与人员分成若干小组，每个小组由 5~10 人组成。

2. 提前准备好足够数量的轮胎，确保每个小组都有足够的工具。

3. 活动开始前，给每个小组提供必要的讲解和演示，确保他们了解轮胎翻转的正确方法和注意事项。

4.设计一个比赛环节，让各个小组互相竞争，增强团队之间的合作和竞争氛围。

三、实操步骤

1.每个小组按照指定的区域将轮胎排列成一条直线或其他形状。

2.指定一个开始信号，小组成员协作将轮胎一个一个地翻转到下一个位置。

3.每个小组完成轮胎翻转后，整理好工具和场地，并等待其他小组完成。

4.记录每个小组完成轮胎翻转的时间，最终用时最短的小组胜出。

通过以上安全管理、组织流程和实操步骤的设计，团队成员可以在活动中互相协作、竞争，并在实践中锻炼团队合作能力和沟通技巧。这样的团建方案简洁明了，同时能够达到团队建设的效果。

这份方案兼具了流程、步骤和风险管理，非常详尽。把这份方案分发到相关部门，就能直接安排人手、场地和资金预算，非常方便高效。

6.2 会议组织与策划

开会对于企业来说是一项重要的活动，是加强上下级沟通、制定公司的目标和绩效必不可少的手段，同时也是复盘过去、展望未来的一种方式。

然而，低效率而又没完没了的会议，则可能让公司的运转效率大打折扣，甚至严重影响员工的工作激情。我曾听很多职场人吐槽开会文化，他们不是反对开会本身，而是对烦琐又密集的公司会议感到疲惫不堪。

我有个朋友，毫不夸张地说，作为管理层的他，每周上班五天，三天都在开会，每次开会时间都超过两个小时，这种情况持续了一年，他终于在忍无可忍的情况下提交了离职申请。

如何让公司的会议高效精简，同时又能达到交流沟通的目的呢？

今日就让 ChatGPT 来帮我们解决这个问题，设计一套高效、简约又有主次的会议流程，让公司的管理高效而不拖沓。

假设你是一家旅行公司的老板，现在你打算在公司召开会议，所有管理层一起参加，对上半年的业绩进行总结，你希望可以简化流程，把会议时间控制在一个小时内，直接开门见山说重点，现在请 ChatGPT 帮我们策划合理的会议流程吧。

▶ 第一次交流：设计会议流程

提问关键词：交代公司情况 + 会议主题 + 时间长度 + 参与人员

 你好，我们是一家旅行公司，要举行年中会议，为上半年的公司业绩做一次总结。请帮我策划一个完美的会议流程，会议时间为一个小时，参与成员为管理层。

 好的，作为一家旅行公司，我建议该年中会议的流程设计如下。

1. 开场致辞（5分钟）
由负责人发言，对公司上半年业绩进行介绍，并阐述对下半年的期许。

2. 团队建设游戏（15分钟）
在一个小时的年中会议时间内，可以适当加入一些生动有趣的活动，这样不仅能够缓解大家的疲劳感，还能够提高大家的参与度。我建议可以进行一个团队建设游戏，将管理层分成若干个小组，每个小组需要在限定时间内完成一项任务。例如，可以让他们合作设计一个虚拟旅游路线，或者一起玩识别名胜古迹的小游戏等。这个游戏需要能够培养大家的合作精神，增强大家的沟通能力。

3. 业务报告（25分钟）
在这个环节，每个管理层成员需要向大家汇报自己所负责的业务部门的上半年业绩、问题，对下半年的规划及目标。

4. 提问环节（10分钟）
在这个环节，主持人向现场其他成员递交话筒，大家可以就前面演讲者的问题和计划提出自己的看法，进行深度交流。

5. 总结与表扬（5分钟）
年中会议就要结束了，在这个环节主持人可以对本次会议做一下小结，感谢大家参加、发言和贡献意见。同时，可以表扬做得较好或有所进步的管理层成员，鼓励他们在下半年再接再厉。

以上是我基于您提供的信息所设计的活动流程，请您参考，需要的话可以进行修改调整。

开会有一个很尴尬的地方，就是气氛容易变得很严肃，每个人都端端正正地坐在自己的座位上，西装笔挺，表情严肃，每个人心里都绷着一根弦。

ChatGPT的方案就挺好的，在切入主题之前，建议先让大家玩一些小游戏，可以很好地带动气氛，另外也把时间节点规划得非常细致，有娱乐有工作，节奏比较松弛，可以适当缓解开会的严肃感和紧张感，这也比较符合旅行公司的企业文化。毕竟，对于旅行公司来说，创意和娱乐是刻在行业基因里的东西，太严肃的环境可能会扼杀员工的创意和想法。

这一次的会议重点，是解决上半年业绩不达标的问题。作为老板的你，很希望员工可以继续加油，再接再厉，如何说才不会伤士气而又能提升大家的积极性和信心呢？

▶ 第二次交流：寻求建议

提问关键词：指出痛点 + 寻求方案

好的，我们上半年的业绩并没有达到预期，请问在会议中，我如何做才能提升团队的士气，能激励团队继续加油呢？

如果上半年的业绩没有达到预期，那么在会议中如何提升团队士气、激励团队持续加油是一个需要认真思考的问题。在这里，我推荐以下几个方法。

1. 强调目标

您可以在开场致辞中重新强调公司的目标和使命，并让每个人都清楚地了解公司对后半年的期望。同时，您也可以设立一些具有挑战性的新的业绩指标，激励大家更加努力地工作。

2. 鼓励分享

您可以在会议中留出一些时间，让团队成员分享在工作中遇到的难题，以及克服困难的经验。这样做不仅能够让彼此加强学习交流，还能够让大家意识到有许多机会等待着他们。

3. 激励活动

在会议中，您可以安排一些愉悦轻松的活动，如放映一些有趣的短片或视频，营造出快乐积极的氛围。积极的情绪能够帮助大家缓解焦虑，让大家更加愉快地工作。

4. 赞扬成绩

可以专门安排时间表扬和奖励团队中的个人或集体，为那些在上半年中表现出色的成员提供奖励。这不仅能够增强他们的信心，也时刻提醒着整个团队，辛苦的付出值得。

总之，在会议中，您可以通过积极的言语和精心设计的计划，激励整个团队克服挫折，推动公司在下半年取得更优秀的业绩。

那么，看到这里你心底应该已经有主意了，如可以找一些越挫越勇的励志电影，让大家结合剧情来讨论方案，这样不会让员工觉得有压迫感，也比较容易激发他们的内驱力。

▶ 第三次交流：寻求沟通建议

提问关键词：交代背景 + 寻求建议

 我想在会议中推出榜样人物，并进行口头与物质的表彰，以此激励大家下半年更上一层楼，为公司做出贡献。请问我该如何说，大家才更愿意接受呢？

您可以通过以下方式在会议中推出榜样人物，并表彰其成绩，以激励大家更上一层楼。

1. 引入背景
可以在会议开始时简要介绍下公司当前的发展情况以及下半年的工作计划。

2. 强调目标
强调公司对于员工的重视，以及员工为公司带来的巨大贡献。同时，明确下半年的主要目标，并提出达成目标所需要的积极态度和具体行动。

3. 引出榜样人物
引出本次会议的主题：表彰成效显著、有典型性的榜样人物，以激励全体员工在工作中追求卓越表现。

4. 阐述表彰原则
明确表彰原则，即能力优秀、贡献突出、有领导素质，同时说明表彰形式不仅包括口头和书面表彰，还体现为物质奖励。

5. 引导氛围
鼓励全体员工积极互动，分享成功经验，学习先进经验，创新工作方法，降低失误。

6. 树立典型
宣布榜样人物的名单，并让其分享成功经验，以激发大家的奋斗热情。

总体来说，在会议中推出榜样人物，给予其口头与物质的表彰，有助于企业营造良好的氛围，提高员工创新能力和专注度。

会议沟通非常讲究方法技巧，如果沟通不恰当，很容易引起员工反感，面对一些出色的同事，一些敏感的员工可能会陷入比较情绪，内心反而产生挫败感。因此如何说，有时候甚至比如何做更重要。身为领导对于榜样表彰的尺寸要把握好，以免伤害了其他员工的自信心。有了ChatGPT 的支着儿，相信可以让公司的团队氛围更加和谐，大家齐心协力奋斗。

开会的最终目的是解决问题。因此，我们有必要让先进的榜样人物去帮助那些还在成长阶段的同事，大家一起朝着共同的目标努力，这样公司的业绩才能迎来真正的爆发。

▶ 第四次交流：寻求解决措施

提问关键词：交代目标 + 具体措施

 我想让榜样人物更好地分享成功经验，起到良好的带头作用，有什么具体的措施吗？

提供以下几点建议，让榜样人物能够更好地分享成功经验，起到带头作用。

1. 提出问题

提出一些员工感兴趣、又有实践意义的问题，让榜样人物可以分享自己的成功经验，同时也可以让员工一起思考解决方案。

2. 分享案例

引导榜样人物分享具体案例，展示如何在工作中攻坚克难。

3. 培训课程

推出针对不同岗位的培训课程，提高员工的专业水平，增强个人竞争力。可以邀请榜样人物作为讲师授课，让员工能够更直接从成功的经验中受益。

4. 颁发荣誉证书

可以为表现出色、成绩突出的员工颁发荣誉证书，以鼓励员工继续保持卓越表现。同时，也可以将榜样人物的经验整理为书面或电子版的分享材料，进行归档，以供其他员工参考。

5. 促进团队合作

建立团队竞赛或项目协作机制，提高团队凝聚力和动力，共同为公司的大目标而努力。

开会的目的是解决实际问题，促进公司的业绩增长，而不是走形式般的"拖课堂"，更不是把员工骂得狗血喷头，变成个人情绪的宣泄会。学会规划会议流程，就不会让会议偏离主题或者变成领导的"个人演说"，而是"有来有往"，这样的会议才称得上有效会议。

6.3 年会策划与建议

年会几乎是每个公司年末必不可少的活动。如何策划一个合理又有趣的年会，是管理层需要统筹安排的重要任务。企业年会通常包含员工表彰、企业未来展望等重要内容，有的公司可能会邀请名人表演，或者安排内部员工排练节目，为的就是彰显公司的实力与凝聚力。

假设领导决定把今年的年会活动交给你来策划，但是你完全没策划过类似的活动，担心自己会辜负大家的期望。ChatGPT 能否给你一些灵感呢？我们来向 ChatGPT 了解一下年会和团建有什么不同，分别希望达到什么目的，只有了解目标，才能厘清策划方向。

▶ 第一次交流：区分年会和团建的不同之处

提问关键词：不同之处 + 目的和价值

 请问年会和团建有什么不同？它们的举办目的和价值是什么？

 年会和团建是两种不同的活动形式，它们的举办目的和价值也有所区别。

年会是一种针对公司全体员工的集会活动，通常会在年初或年末进行，并举办正式的庆祝仪式。其主要目的是总结过去一年的工作成绩，表彰优秀员工，同时规划未来的发展方向。年会通常具有以下价值。

1. 增强员工凝聚力：年会是一个重要的集体活动，能够集中全体员工的注意力，加强团队的归属感和凝聚力，以增进员工之间的合作与交流。

2. 激发员工士气：在年会中通过表彰优秀员工和部门，能够提升员工的工作动力和积极性。

3. 促进信息共享：年会通常是公司高层与员工沟通的重要渠道，可以向员工汇报公司的业绩、发展计划及重要决策，并为员工提供互动交流的机会。

4. 塑造企业形象：年会是展示公司实力和文化的重要场合，通过精心设计的活动，能够展示公司的价值观和企业形象，提升外界对公司的认知度和好感度。

团建活动是为了促进团队成员之间的沟通、协作和友谊而组织的一系列活动，其主要目的是增进团队成员之间的了解和信任，提高团队的协作效率，共同应对工作中的挑战。团建活动通常具有以下价值。

1. 加强团队凝聚力：团建活动可以打破工作中的僵化关系，增进团队成员之间的互动和交流，加深对彼此的了解，从而增强团队的凝聚力。

2. 建立信任：通过团建活动，团队成员可以更好地了解彼此的个人特点和优势，增加相互之间的信任，为团队的协作提供更好的基础。

3. 拓宽视野，提升员工创新能力：团建活动通常会设计一些挑战性的任务和游戏，激发团队成员的创新思维，有助于发现团队成员的潜力。

4. 提升工作效率：通过团建活动，团队成员之间的沟通能力和协作能力得以提高，进而促进团队工作效率的提升。

因此，年会和团建活动虽然目的不同，但都对公司和团队的发展有着重要作用。年会主要关注全体员工的共同奋斗和企业形象的展示，而团建活动则注意团队内部的沟通、合作和凝聚力的培养。

简单来说，年会是为了促进内部合作和交流以及树立公司的品牌形象，而团建的目的主要是促进内部发展。另外，年会一般投入会比较大，活动显得比较隆重，而团建更像一场小型的聚会。因此，年会和团建不能混为一谈，活动的内容和方式也是完全不一样的。

▶ 第二次交流：根据预算策划年会活动

提问关键词：交代背景 + 预算区间

你好，今年已经接近尾声，我们公司想要组织一次内部的年会活动，请问该如何安排呢？请给我一些具体可行的建议，预算在 5 万元左右。

您好，针对公司预算 5 万元左右的内部年会活动，我提供以下具体可行的建议。

1. 策划公司文化展示

年会是向员工展示公司的历史、发展和文化的一个很好的机会。可以通过 PPT、视频或现场演说等方式展示公司的一些重要历程和里程碑事件，同时也可以邀请公司管理层、资深员工代表等，分享公司发展历程、价值观和企业文化等相关内容。

2. 组织有趣的互动游戏

选择能够增进同事之间合作和沟通的互动游戏，如"猜谜语""传话""拼图"等小游戏，或者更富挑战性的"密室逃脱""救援行动"等团队协作活动。这样不但增强了员工在活动中的参与感和归属感，还能增加他们的团队合作意识。

3. 精心准备美食佳肴

美食也是一次完美年会不可或缺的部分。可以雇用外卖公司提供餐食，也可以选择租赁场地自己准备食物和饮料。另外，可以加入一些年会主题限定菜品，让员工更惊喜。

4. 策划现场表演

在活动现场安排表演是一件很棒的事情，可以让员工自行准备喜剧、歌舞、戏曲等节目。这不仅能够增强现场的气氛，还能帮助员工克服对公开演讲和表演的恐惧。不要忘了设置互动环节，让员工尽可能参与进来。

5. 准备小礼物

活动结束后，给员工一些纪念品，马克杯、抱枕等小巧、实用的礼品是不错的选择。礼品并不需要过于昂贵，但是需要有意义、有寓意，让员工感到温暖和被重视。

虽然 ChatGPT 给出了建议，但不够具体，可以给出更多提示信息，让它优化方案。

▶ 第三次交流：策划个性化的年会活动

提问关键词：交代人群 + 兴趣指标 + 结合潮流 + 创意活动

 我们公司的同事都是"90 后""00 后"的年轻人，大家都比较喜欢新事物，能否结合当下流行的事物，帮我策划一场有新意的年会活动呢？

 非常好的想法，根据您所说的公司特点，以下为您提供与当下流行事物结合的、有新意的年会活动策划方案。

1. 手机拍照大赛

以手机摄影为主题的比赛，鼓励员工用手机拍下美好瞬间，并在现场分享作品。同时，公司也可以把获胜者的作品印刷到年会纪念品上。

2. 电竞比赛

对于喜欢游戏的年轻人来说，安排电竞游戏比赛是一个很不错的选择，可以挑选有趣的游戏如《王者荣耀》《英雄联盟》等并组织员工参加比赛。如果场地允许，您可以在现场摆放专业电竞设备。

3.VR 沉浸式游戏体验

VR 技术已经成为当下最热门的技术之一，它可以带给人们身临其境的体验。年会可以设置 VR 沉浸式游戏体验区，这将会是一次不可错过的体验。

4. 报名制音乐舞蹈会

为鼓励员工展现自己的才艺，可以设置报名制音乐舞蹈会，主办方可以通过观众投票来选出获胜者。

5. 美食 DIY 大赛

这项活动适合喜欢美食和喜欢琢磨新点子的同事参加，主办方可以设置几个美食 DIY 比赛区，聘请厨师现场进行评分并选出获胜者。

总之，可以在组织年会时融入一些流行文化元素，提高年会的创意性和乐趣。一场成功的年会甚至能成为公司对外交际的"名片"，给公司带来好的声誉。

由于公司喜欢摄影的人非常多，因此你想策划一个和拍照有关的活动。以往的年会都是大家坐在台下欣赏台上的表演，今年能否破旧立新，让大家一起参与内容共创呢？接下来就让我们来完善这个方案。

▶ 第四次交流：完善年会活动方案—手机拍照大赛

提问关键词：根据具体内容 + 完善年会活动方案 + 适合人群 + 具体要求

 第一个手机拍照大赛的建议还不错，能否根据这个内容帮我完善一个年会活动的方案，要求适合年轻人，操作起来比较简单又让员工有参与感。

方案名称：手机拍照大赛
目标：促进员工参与，展示员工创造力和摄影技巧，增强团队凝聚力。
主题：用手机记录美好瞬间
适用人群：互联网公司的年轻员工

时间安排
1. 提前通知员工关于手机拍照大赛的信息，并告知比赛开始和结束时间。
2. 比赛开始前，给予员工足够的时间准备照片。
3. 提醒员工在规定时间内提交他们的作品。
4. 比赛结束后，设置评选时间，评选出获胜者。

活动流程
1. 开幕式：在年会开幕式上介绍手机拍照大赛的目的和规则。
2. 照片展示：将员工提交的照片在年会现场展示出来，让大家欣赏。
3. 评选环节：设立评委团队对参赛作品进行评选，评选出一等奖、二等奖、三等奖和优秀作品奖等。
4. 颁奖仪式：在年会的闭幕式上颁发获奖证书和奖品，并邀请获奖者上台分享他们的拍摄心得和经验。
5. 纪念品制作：将获胜者的作品印刷到年会纪念品上，让员工感受到自己的作品被认可。

奖项设置

1. 一等奖：奖励丰厚，如旅游机票、相机等。

2. 二等奖：奖励适中，如智能手表、手机配件等。

3. 三等奖：奖励实用，如蓝牙耳机、移动电源等。

4. 优秀作品奖：鼓励性的小礼品，如书籍等。

注意事项

1. 比赛要遵守法律法规，不得拍摄违法和不良内容。

2. 提供技术支持，帮助员工解决拍摄中遇到的问题。

3. 鼓励员工多角度、多样化地展示自己的作品，创作风格不作限制。

4. 注重宣传，通过公司内部通信工具、社交媒体等途径宣传比赛，并鼓励员工分享自己参与比赛的经历和感受。

5. 在评选环节中保持公平、公正，遵循评选规则。

通过以上方案，你可以更好地组织手机拍照大赛活动，为公司的年轻员工提供一个展示创意、交流经验的平台。

ChatGPT 可以帮你把年会策划安排得井井有条，就像一个超级管家，可以让我们省下不少精力呢！赶紧为你的团队策划一场别出心裁的年会活动吧。

07

ChatGPT 是电商行业的献计王

有报告显示，2022 年电商从业人员达 6325 万人，比 4 年前翻了一倍。这个行业门槛相对较低，不需要学历，不需要经验，不需要颜值，不需要上班打卡，成为普通人，尤其是新生一代年轻人就业的首选。

随着 AI 的发展，电商行业的格局渐渐发生改变。以前开一家店需要一个团队，团队中要有摄影师、文案、美工、模特、客服等各种岗位，到如今，AI 可以一站式搞定一切，"一人公司"的商业模式开始走红。

未来，这种模式会越来越吃香，因为降本增效是每个创业者的共同追求。本章我们将一起学习如何用 ChatGPT 搞定产品文案，优化开店模式与运营方法，设计店铺 Logo 等，和同行拉开差距！

ChatGPT

7.1 支着儿：在线开店

开一家店铺需要我们投入很多金钱、精力与时间，如果没有经验很容易走弯路，要是有一位专家能够给予我们指导，便可以更快地做出成绩，ChatGPT 可以给我们提供一些建议，进行有针对性的指导。这样一来，我们就可以有效避免不必要的亏损，让店铺尽快步入正轨，在市场上占领优先地位。

假设你一直听说电商的前景很好，还在读大学的你打算开一家店铺，但是没有老师教也没有经验，实在不知道如何入手。对于如何选品，如何运营店铺，如何设计图片，完全一头雾水，于是你打算让 ChatGPT 充当军师。

▶ 第一次交流：拟订化妆品店铺开店方案

提问关键词：赋予专家身份 + 拟订开店方案 + 建议可落地

 现在你是一位电商专家，请帮我拟订一个化妆品店铺的开店方案，比如如何优化商品的排名。建议要具体可落地。

好的，以下是我为您拟订的化妆品店铺开店方案。

1. 产品策略：根据市场趋势和用户需求选取适宜的产品。可以考虑选取一些具有市场吸引力的特色产品、适销对路的商品、新兴品牌和时尚产品等。同时，需要注意不要选择竞争激烈的领域，建议选择细分市场。

2. 商品描述：完整、准确的商品描述会使消费者更加信任您的产品，有助于提高销量和排名。

– 商品的名称、副标题和主图一定要清晰简洁，突出卖点、特色和优势。

– 商品的图片要高质量、高清晰，营造出美好的商品形象，以符合消费者的期望和需要。

– 商品的说明文字、参数、功能、使用方法等要详细并且从多角度呈现，直接回答消费者的疑问，增强竞争力。

3. 客户体验：提供多元化的售前、售中和售后服务，提高客户忠诚度和满意度。

– 售前是用户购买前的环节，可以在这里提供产品的详细说明、价格、包装及店铺的优惠活动等信息。

—— 售中是用户在购买过程中最关心的环节，应该提供及时、准确的物流信息，安全便捷的支付方式和良好的退换货体验。

—— 售后要为消费者在购买后解决问题时提供多种渠道，也包括发放优惠券、积分、分享促销活动等。

4. 商品排名：现在互联网化妆品市场竞争激烈，提高商品排名和曝光率是关键。

—— 关键词优化：在产品描述中加入一些关键词，如品牌名称、价格区间、市场定位、适用肤质等，从而增加搜索量和搜索结果的相关度。

—— 商品标签：通过设定标签来更好地描述产品属性和特点，如"纯天然""温和无刺激""亮白淡斑"等，使消费者对产品的印象更加深刻。

—— 购买评价：可以在店铺内设置专门的回访页面，鼓励消费者评价或晒单。好评可以影响其他消费者的购买决策，提高店铺的可信度。

希望以上建议对您有所帮助，如果您需要更多的帮助或者解释，请随时与我联系。

开店之前，我们需要提前做好功课，了解完整的开店流程是什么，在具体环节需要准备什么。

▶ 第二次交流：产品标签优化建议

提问关键词思路：具体产品 + 标签优化建议

请问可以给我一些关于化妆品标签的优化建议吗？如一款夜间修复的精华，请问可以使用哪些标签？

设置化妆品产品标签的时候，您需要考虑客户想从标签中了解化妆品的哪些信息。以下是几个化妆品标签的建议。

1. 功能标签：使用与产品功能相关的标签，如"修复""保湿""淡斑""收缩毛孔"等。

2. 成分标签：使用与产品成分相关的标签，如"天然""有机""不含酒精""不含香料""不含防腐剂"等。

3. 适用标签：使用与肤质类型相关的标签，如"干性皮肤专用""敏感肌肤可用""男女通用"等。

针对您提到的这款夜间修复的精华，以下是几个标签建议。

—— 明确表达产品的独特性：你可以使用"夜间自我修复""高效修复"等标签，

突出产品的功能特点。

– 突出产品成分：如果产品含有天然萃取的成分或者某种特殊成分，建议使用相关标签，如"含18种植物萃取精华""对肌肤健康有益"等。

– 强调适用肤质：根据您的目标消费者的肤质类型，使用适当的肤质标签，如"夜间修复敏感肌可用""专门针对干性肌肤"等。

以上是我为您提供的一些关于化妆品标签的建议，希望对您有所帮助。

▶ 第三次交流：经验和专业度提升

提问关键词思路：交代背景 + 店铺类型 + 提升经验和专业度

 我是一个大学生，现在要开一家化妆品电商店铺，请问我可以通过什么渠道和方式增加自己在这方面的经验和专业度呢？

 作为一名大学生，如果你想增加在化妆品电商领域的经验和专业度，可以考虑以下途径和方式。

1. 学习相关课程：报名参加与电商、市场营销、品牌管理、供应链管理等相关的课程。可以选择线下培训班、在线学习平台（如在线教育机构Coursera、edX等）或大学的相关专业课程。

2. 参与实践项目：寻找与化妆品电商相关的实践项目或实习机会，如在电商公司实习或兼职。实践能够有效提升你的专业能力，积累经验。

3. 自主学习和研究：通过阅读行业相关图书、报纸、杂志和研究报告，了解电商运营、品牌推广、产品选型、供应链管理等方面的知识。关注行业相关的博客、论坛和社交媒体，参与讨论和交流。

4. 参加行业研讨会和展览：参加化妆品电商行业举办的研讨会、展览和活动，与行业从业者互动交流，了解最新趋势和发展动态。

5. 在行业相关社交网络建立自己的品牌：在专业社交媒体平台（如LinkedIn）上建立自己的个人品牌，关注与化妆品电商有关的专业人士和机构，参与讨论和分享。

6. 寻求导师或顾问的指导：找到在化妆品电商领域有经验的专业人士，成为他们的学生或实习生，获得他们的指导和经验分享。可以通过学校资源、行业协会等途径来寻找导师或顾问。

请记住，增加经验和专业度是一个长期的过程，需要不断学习和实践。不仅要关注理论知识，还要勇于尝试和创新，并不断调整和改进自己的经营策略。

经过 ChatGPT 的提醒，我们不难发现，大学生的学习渠道还是很多的，可以在学校图书馆找到相关书籍，可以通过朋友介绍认识有经验的专家，还可以关注一些相关的电商账号。

需要指出的是，虽然 ChatGPT 可以给我们提供不少点子，但是不要完全依赖它，要将 ChatGPT 的回答与自己的实际情况相结合，激发自己的想象力与创意，这才是我们运用 AI 的终极目的。

7.2 设计店铺 Logo

有研究表明，人对图像的记忆要比对文字的记忆高 10 倍不止。

正因为对图像记忆非常深刻，在店铺的经营中，我们必须对 Logo 的设计给予高度重视。在某种程度上，Logo 是一家店铺的文化符号，彰显着店铺的格调与品味，一个好的 Logo 可以给人留下深刻的第一印象。ChatGPT 可以为我们提供很多设计灵感，文心一格可以帮助我们设计图片。那么，怎么结合 ChatGPT 和文心一格来帮助我们进行设计呢？本节我们一起来了解。

近几年兴起了一波健身潮，假设你想开一家电商店铺来推广自己的瑜伽品牌，接下来你打算设计一个品牌 Logo。我们让 ChatGPT 提供一些图片设计的灵感。

▶ 第一次交流：构思图片创意

提问关键词思路：赋予身份 +Logo 文字

> 您现在是一位专业的设计师，请帮我构思瑜伽店铺的 Logo 文字。

瑜伽店铺的 Logo，文字非常重要，以下是我为您提供的几个建议。

1. 简洁性：瑜伽的本质是修身养性，Logo 应该反映出这一点。简单且易于阅读的字体可以有效地呈现这种感觉，如采用 Sans Serif 或 Script 字体。

2. 品牌名称：如果您希望 Logo 中包含品牌名称，则应该选择适合品牌风格并具有辨识度的字体。同时尝试添加其他设计元素，如渐变颜色，以使品牌更加独特。

3. 标语或口号：在 Logo 中添加标语或口号可以传达品牌价值观。选择一个短语或句子，最好由少量单词组成，并使用与品牌名称一致的字体。

4. 象征意义：Logo 可以不仅仅是一组文字，并以通过使用象征图像来传达品牌理念和聚焦点，如使用代表瑜伽学说、与瑜伽相关的动物等图像来增加视觉吸引力，确保品牌被许多人记住。

需要注意的是，无论选择哪种 Logo 设计方案，均要确保最终的设计与品牌的目标和价值观保持一致，并且能吸引目标受众。

ChatGPT 的内容还算言之有物，起码让我们知道了瑜伽品牌 Logo 设计的基本思路。那么，除了上面提到的设计思路，还有哪些与瑜伽相关的描述呢？

▶ 第二次交流：Logo 设计的字眼提示

提问关键词思路：字眼提示 +Logo 设计

好的，那么我可以用哪些字眼提示来进行瑜伽店铺的 Logo 设计呢？

以下是几个可能有用的提示，以帮助您在瑜伽店铺的 Logo 设计中选择适当的字眼。

1. 冥想：Logo 应该通过字体、颜色或其他设计元素传达出冥想的氛围和感觉，使人们感到平静、放松和专注。

2. 能量：瑜伽练习涉及人体内部能量的流动。您可以使用"能量""流动"或"平衡"等字眼，来突出品牌特征。

3. 大自然：瑜伽是与自然联系非常紧密的一项运动，因此 Logo 中可以使用与大自然相关的元素，如植物、动物或自然形态的图形。

4. 独特：由于瑜伽店铺众多，因此 Logo 设计需要具有独特性，可以大胆运用创造力让你的 Logo 脱颖而出。

看完上文的介绍，我们大概知道了一个完整的 Logo 是由哪些内容组成的。除了常见的字母设计，我们还可以融入自然或者植物的元素，让 Logo 更加生动形象。接下来，我们就用文心一格来生成 Logo。

技术专题——了解文心一格的功能

文心一格是百度依托飞桨、文心大模型的技术创新推出的"AI 作画"产品，可以通过 AI 技术快速生成精彩图像，让人人都能成为艺术家，大大缩短我们学习绘画的时间成本。你只要在文本框中输入指令，就能在几分钟内生成精美高清的图像。生成的作品可以广泛运用到装修、设计等商业场景。文心一格官网资料显示，其现已支持国风、油画、水彩、水粉、动漫、写实等十余种不同风格高清画作的生成，还支持不同的画幅选择，可以用来生成头像、文章配图、产品设计图等。

文心一格的绘画效果远比我们想象中更加丰富多元，同一个创意，你可以得到多种风格的画作。

接下来，我们就对文心一格的功能进行了解。文心一格的首页提供了 5 个选项。

选项一：AI 创作

依次单击"AI 创作"按钮和"推荐"按钮，在左边的文本框中输入对图片的描述，右边就可以快速生成图片。例如，我想生成一张关于花园的图片，我可以在文本框中输入指令"花园"，下面就会出现相关的文案，比如花园、超细节、高清、虚化，我可以选择输入花园、高清、虚化，把数量调整为 1，单击"立即生成"按钮，右边就可以生成一张图片了。

当然你也可以选择自定义模式，也就是把你想象的花园描绘出来。例如，我喜欢复古风格的花园，还希望有一家人坐在花园里聚会聊天，四周种满绣球花，那么我输入指令"在一个复古花园里，全家人坐在里面聚会聊天，其乐融融，四周种满了绣球花"。选择图片数量为1，然后单击"立即生成"按钮，右边就随之同步生成了一张图片。

选项二：AI 编辑

对你创作的图片进行编辑调整，以及将你创作的两张照片进行叠加，形成一张新的图片。这些按钮的操作差不多，感兴趣的朋友可以逐一尝试一下。

选项三：AI 实验室

实验室是指通过参考类似动作或者模型进行图片设计，也可以理解为创作的灵感来源，它可以帮助我们拓宽创作思路。

选项四：热门活动

热门活动是通过创作图片，选择合适的活动主题进行投稿，参加活动的图片有机会获得平台扶持。新手玩家可以试试。

选项五：灵感中心

灵感中心可以理解为平台的使用指南，这里展示了平台的最新动态，功能板块包括功能上新、作图攻略、合作案例等，帮你快速入门，解锁更多玩法。

其中，AI 编辑和实验室属于会员功能，如果你希望解锁更高级的服务，可以尝试使用该功能。

技术专题——用文心一格设计品牌 Logo

相信你对文心一格已经建立初步的了解。接下来我们就要进行 Logo 设计了。ChatGPT 给我们的提示是与大自然相关的元素，如动物、植物等内容相结合。接下来，我们就围绕这些关键词，让文心一格帮我们设计一个合适的 Logo 吧。

单击主页的"AI 创作"按钮，直接输入文本描述，选择"方图"，将图片数量改为 1，然后单击下面的"立即生成"按钮，右边将随之同步生成一张图片。

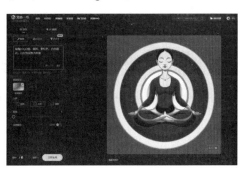

如果你不知道文本描述怎么写，可以思考一下：Logo 是什么形状？是圆还是方？你希望图片是什么颜色？以什么图案为灵感？传递什么理念？

我认为瑜伽可以给人温润、平和的力量，因此选择圆形比较合适。另外，紫红色比较大气，又可以体现女性优雅大方的仪态。而想到瑜伽，我的脑海里就会出现一个女子坐在地板上冥想的画面，因此我觉得这样的形象是比较契合品牌特点的。于是就有了上面的文本描述。

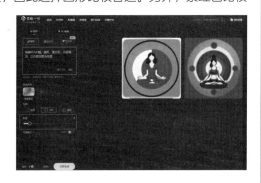

如果你希望得到两张不同的照片，也可以把数量改为 2。

你创作的所有图片都会自动保存到图库中，可以用"AI 编辑"按钮可进行二次创作。

这里请注意，每生成一张图片，就会消耗 2 个电量；对于新注册的用户，平台会赠 8 个电量，用户可以通过做任务获取电量。

生成满意的图片后如何保存呢？

我们先来到图库。

在图库中，可以看到图片右下角都有下载箭头，选择你喜欢的照片，单击下载箭头就可以将其保存到电脑了。

7.3 撰写店铺文案

店铺文案看似并不难写，只有短短几行字，但想通过简短的文字介绍，把产品的亮点与优势讲清楚，并且吸引客户下单并不是一件容易的事。

那么，这个问题能不能交给 ChatGPT 呢？当然可以，而且我敢保证，只要你的问题描述得足够清晰具体，ChatGPT 给的文案一点也不比市场上的文案高手写的文案差。

假设你从事电商运营工作，负责好几家店铺的产品运营，现在需要使用 ChatGPT 来写服装产品文案。

▶ 第一次交流：服装产品文案

提问关键词：赋予高手身份 + 产品对象 + 电商文案

> 🧑 你现在是一名文案高手，请帮我写一条关于绿色中式裙子的电商文案。

> 🟢 【绿色中式裙子】
>
> 春夏时节，剪裁考究的中式裙子早已成为各位时尚女性的必备单品。这款优雅的绿色中式裙子像一股清流，将更加凸显您的气质和魅力。精选轻盈面料，穿着舒适；别致的中式元素能够完美呈现出东方女性的美感。红色编织扣的点缀，彰显中国式的审美情调。穿上这款高贵优雅的绿色中式裙子，您将成为人群中的焦点。

有没有发现，当我们的提问比较简单的时候，ChatGPT 给的文案也非常粗浅。

对于顾客来说，这件裙子的具体细节以及适用场合，会在一定程度上影响他们的购买决策。因此我们可以增加一些细节与场景描述。

▶ 第二次交流：增加产品细节

提问关键词：指出问题 + 增加细节 + 具体描述对象 + 语言要求

 内容过于简单。可否给这条裙子的介绍增加一些细节？比如盘扣和面料，语言要拟人化和场景化。

 【绿色中式裙子】

这件绿色中式裙子仿佛把茂盛的森林穿在了身上。精选纱质轻盈面料，触感柔滑，不仅舒适，更能体现女性柔美的身姿。

裙子的剪裁更是考究：高腰线，修身合体设计，不仅展现了你优美舒展的曲线，同时也符合中国传统的审美标准。

红色的精致纽扣，如同一颗颗映着阳光的宝石，为整条裙子增添了灵动感。而且每一枚盘扣都经由工匠师傅巧手打造，给裙子加入了深厚的人文气息。

无论是日常约会，还是流连于红楼梦般的园林里，这条裙子都会将你诠释成一个细腻迷人的东方女性，温柔大方，雍容华贵。

此条裙子有 S、M、L 及 XL 四个尺码，完全适合各个年龄段的女性。此外，面料选择、肩带和盘扣等均符合安全检测标准。

这个文案明显增加了更细腻的描述，强调了裙子的亲肤感和富有东方魅力的特点，引入园林描述可以激发女性用户的想象力，使人联想到自己穿上这条裙子，漫步在园林中的婀娜多姿，更容易击中顾客的内心。

假设"女神节"即将到来，你希望把一款银杏项链作为营销重点，但是一下子很难想到比较好的卖点，更不知道文案到底从什么角度切入，能否让 ChatGPT 提供一些卖点建议呢？

▶ 第三次交流：寻求卖点建议

提问关键词：文化含义 + 卖点提炼 + 多角度建议

你好，请问银杏有什么特殊的文化含义？现在我要提炼一条银杏项链的卖点，可以怎么切入？可以给我多角度的建议吗？

你好！银杏在中国文化中具有特殊的含义。以下是银杏的文化含义以及如何提炼一条银杏项链的卖点的多角度建议。

1. 长寿与希望：银杏树具有长寿的特点，在中国传统文化中被视为长寿和希望的象征。可以强调银杏项链代表着健康、长寿和幸福，是一种寄托美好祝愿的礼物。

2. 美丽的形状：银杏叶子的形状独特，可以突出银杏项链的独特设计和精致工艺，以吸引注重饰品美感的消费者。

3. 多子多福的象征：银杏树在民间也被称为公孙树，由于它雌雄异株，根系发达，容易形成一个树群，就像一个繁荣昌盛的家族。很多人都会在自家门口种上银杏树，希望子孙后代繁衍昌盛。

4. 力量与勇气：银杏树经历了岁月的洗礼，象征着顽强的生命力和勇气。可以强调银杏项链代表着自信、坚韧和勇气，是一种能够鼓舞人心的饰品。

5. 环保与健康：银杏树属于落叶乔木，对环境有益，并且银杏果具有一定的药用价值。可以突出银杏项链的环保特点和健康属性，吸引注重绿色生活方式的消费者。

综上所述，你可以根据银杏树的长寿寓意、美丽形状、象征意义、勇气力量及环保健康等方面来提炼银杏项链的卖点。当然，最好根据你的目标受众的喜好和需求，选择最适合的角度来推广你的产品。

通过 ChatGPT 的描述，我们可以确定有两个切入点是比较吻合女神节主题的，一个是长寿健康，适合把项链送给长辈；另一个是多子多福，适合送给年轻女性。

▶ 第四次交流：撰写银杏项链文案

提问关键词思路：产品名称 + 内容要求 + 目标

请帮我写一条关于银杏项链的电商文案，内容要体现银杏的长寿寓意，吸引用户买给长辈当作节日礼物。

您是否正在苦恼着如何为长辈选择一份特别的礼物？作为晚辈，如果您希望能够送上一份寓意美好的礼物，银杏项链或许是您的不二之选。

银杏树是中华民族传统的喜庆和祥瑞的象征之一，被誉为"千年古木""万岁常青树"，与长寿、健康密不可分。制作精美的银杏项链，不仅典雅大方，更具有长寿吉祥的寓意，是送给长辈的理想礼品。

每一条银杏项链都经过精心设计，每个小细节都打磨得极致完美。无论佩戴于颈间还是放在珍宝盒内，它都时时刻刻在提醒着您的亲人：他们拥有着纯真而深挚的爱，这份爱会永远延续下去。

所以，赶快选购一条银杏项链，向长辈表达您的深厚情意吧！

简简单单的项链，赋予了文化内涵与寓意之后，马上变得贵重起来。那如果是从多子多福的角度切入，ChatGPT 又会给出什么样的惊喜呢？

▶ 第五次交流：换个角度写银杏项链文案

提问关键词：产品名字 + 突出寓意 + 字数和语言要求

请再帮我写一条银杏项链的电商文案，这次要突出银杏多子多福的寓意，字数在150 字左右，语言朴实又不失生动，具有一定的文化内涵。

银杏，中国古老而神秘的树种，因为体系化的生长特点，代表着"多子多福"。银杏树生命力顽强，像是一位护卫，守护着家人的平安和幸福。戴上这款银杏项链，就像是将家庭的美好和繁荣收纳在心中，让你时刻感受到祖辈的祝愿和关爱。所以，不论是送给自己还是送给亲人朋友，都代表珍贵的情谊与祝福。

文案运用了比喻的手法，把银杏比作护卫，又点出了其"多子多福"的含义，很容易让人把项链和家庭幸福联系在一起。这笔消费就会从物质支出变成情感账户投资，这是两个完全不同的概念。

顾客在购买产品的时候，产品的用途将会影响顾客的决策。如果这件产品可以拉近我和亲戚朋友的关系，那么就是一种情感投资；如果仅仅是用于装饰，那就是单纯的物质支出，顾客会认为这笔支出越低越好。

说得直白点，如果让客户掏钱买个项链，客户会觉得没什么必要；如果是关系到家庭幸福，那就是情感投资，会带来一种装饰意义之外的附加价值，客户对价格反而不会那么敏感。

7.4 宣传文案标题优化

对于电商行业来说，店铺标题优化是一个很关键的工作，只有抓住关键字才能获得更多的曝光，获得相对靠前的排名，从而提升产品的销量。这不仅需要我们对用户的搜索习惯了如指掌，还要有一定的互联网思维。

ChatGPT 能否为我们选择最优的关键字提供帮助呢？

假设你是一个实体店老板，做茶叶生意 10 多年了。现在你打算把店里的茶叶放到电商平台售卖，但是你对电商一窍不通，听说文案标题的关键词很重要，你想重点下功夫来优化文案标题。接下来和 ChatGPT 开始一对一的交流吧。

▶ 第一次交流：鸭屎香茶叶产品标题关键词建议

提问关键词：赋予专家身份 + 产品名称 + 店铺标题关键词 + 参考建议

 你现在是一名电商专家，我想做一款潮汕鸭屎香茶叶的产品，请问店铺标题的关键词怎么写？可以帮我想几个参考一下吗？

 针对您的产品，店铺标题的关键词应该围绕潮汕鸭屎香茶叶展开，同时要有吸引人的卖点，如品质、口感、产地等。以下是几个可能的关键词，供您参考。

1. 正宗潮汕鸭屎香茶叶：突出产地和口味特色。
2. 潮汕名茶：注重品质和口碑。
3. 鸭屎香老茶树叶：强调茶叶是老树茶叶。
4. 珍藏级潮汕茶：强调稀有，具备收藏价值。
5. 独家配方鸭屎香茶：突出独特的配方和口感。

当然，除了标题关键词，店铺的商品描述和图片也是吸引客户的重要因素，请确保其准确、详细地介绍您的产品，展示产品的特色与优势。

这些标题看起来还是相对简单。假设我是客户的话，它难以对我产生吸引力，也不太符合我的搜索习惯，因此我还想看看有没有其他标题。我们来和 ChatGPT 继续进行第二次交流。

▶ 第二次交流：结合搜索习惯重新给出标题建议

提问关键词：指出问题 + 重新给建议 + 结合用户搜索习惯

 这些标题的关键词不够具体与精准，可以帮我重新想几个吗？最好结合用户搜索茶叶的习惯来拟电商标题。

 好的，以下是更具体和精准的标题建议，并且结合了消费者的搜索习惯。

1.【正宗潮汕】金湾鸭屎香茶叶 500g 整箱 年份新鲜
2.【口感独特】潮汕鸭屎香茶叶 50g 金黄香醇 茶友必备
3.【顶级品质】潮汕鸭屎香茶叶 散装 香气扑鼻 回味悠长
4.【特色非凡】潮汕特产鸭屎香茶 14 年陈年 整箱 500g
5.【抖音爆款】潮汕鸭屎香茶叶 香醇鲜美 特价促销
6.【茶界"网红"】潮汕鸭屎香茶 年份新鲜 整箱批发
7.【名副其实】潮汕鸭屎香茶叶 金色外形 优质口感

希望这些标题可以帮到您，如果需要再次修改或是添加，请随时告诉我。

　　这些标题总体提及了茶叶的品类、味道、包装、外形颜色和产地年份等，可以给我们提供一定的思路。我们可以到电商平台看看其中哪些关键词更热门，也可以将其和我们平时使用的搜索关键词进行组合。

▶ 第三次交流：根据搜索习惯总结电商标题热搜词条

提问关键词：搜索习惯 + 提出要求

 请问在电商平台上，购买潮汕茶叶的人群的搜索习惯是什么？请帮我总结一些热搜词条。

在电商平台上，潮汕茶叶购买人群有以下搜索习惯。

　　1. 品种加产地搜索：如"潮汕凤凰单枞茶""安溪铁观音"等，希望找到具体品种和产地的茶叶。

　　2. 品牌选择：对知名品牌有信任，经常搜索潮汕茶叶的知名品牌，如"正山顶潮州凤凰单枞""潮州天洲溪乌龙茶"。

　　3. 相关推荐：购买人群喜欢在社交平台上寻找推荐、热销及评价等信息，如"潮汕茶叶推荐""潮汕茶叶哪个牌子好"等。

4. 价格比较: 喜欢搜索比较不同品牌和平台的价格, 如"潮汕茶叶价格对比""潮汕茶哪家便宜"等。

5. 泡茶技巧和鉴赏知识: 购买人群除了搜索产品信息, 也会搜索关于潮汕茶叶的泡茶技巧、鉴赏知识等, 如"潮汕茶的冲泡方法""如何辨别潮汕茶叶的品质好坏"等。

以下是一些热搜词条。

1. 潮汕铁观音。
2. 潮汕凤凰单枞茶。
3. 潮汕泡茶技巧。
4. 潮汕茶叶保健功效。
5. 潮汕茶叶品牌排行。
6. 潮汕茶叶价格比较。

您需要根据实际市场调研情况确定具体的热搜词条。

ChatGPT 提供了这么多词条, 相信可以给你一些启发。此外, 我们还可以结合顾客的反馈, 咨询他们对这些词条的看法; 或者把自己设想为顾客, 去倒推顾客的搜索习惯, 从而让顾客准确无误地找到我们的产品, 实现店铺销量的提升。

7.5 帮新手选品、调研、确定预算

产品决定了一家店铺的生命周期, 我们必须谨慎对待。如果有一款专业的工具可以帮我们快速筛选出当下的热门产品, 则可以让我们快速抢占市场。

这方面, ChatGPT 显然比人工更加智能, 除了有海量的信息, 它还有深度学习的能力, 人类花费一年时间可以掌握的信息, ChatGPT 一杯茶的工夫就可以掌握。因此, 善用 ChatGPT 来解决选品问题, 是一件高效又明智的事情。

对于第一次接触电商的新手来说, 可能并不清楚自己应该送什么类型的产品。那么我们先了解一下, 目前在电商平台比较火爆的产品吧。

▶ 第一次交流：推荐电商热门产品

提问关键词：赋予专家身份 + 推荐产品 + 提供预算

> 你现在是一位电商专家，我想开一家店铺，请问可以帮我选出 10 款全网最为火爆又适合新手的产品吗？成本预算在 15 万元左右。

您好，针对您的问题，根据目前电商市场上的趋势和数据，以下是我推荐的 10 种目前全网最为火爆的产品（不分先后顺序）。

1. 随身杯 / 保温杯：随着人们对健康的关注及出门在外的需求，随身杯市场需求量极大。

2. 瑜伽垫 / 瑜伽服：随着瑜伽健身的普及，瑜伽用品需求量逐年增长。

3. 美容仪器：随着人们对美容的重视以及电商平台优惠力度增大，美容仪器销售量节节攀升。

4. 家居装饰：随着人们对生活空间质量要求的不断提高，家居装饰市场供不应求。

5. 手机配件：随着手机市场规模日益扩大，手机配件需求也日益增加，如无线耳机、手机壳等。

6. 儿童玩具：随着人们生活水平的提高，儿童玩具越来越受到市场关注。

7. 健康食品：随着人们对健康食品需求增加，酵素粉、蛋白粉，以及坚果、燕麦片等健康养生食品销量不断攀升。

8. 服装鞋帽：随着消费者个性化需求的增加，服装鞋帽市场也越来越大。

9. 智能家居产品：智能家居产品受到越来越多消费者的关注，如空气净化器、智能马桶等。

10. 母婴用品：新一代父母更加注重母婴用品的多样性和功能性，在育儿过程中对各种母婴用品的需求也越来越大。

以上是我针对您提出的问题给出的答案，望参考。同时，每一类产品都有不同的选品技巧和推广方式，建议您在创业之前进行更加详细的市场研究和分析，制订专业的营销策略进行推广。祝您创业顺利，早日实现财务自由！

这些产品中规中矩，而且似乎没有足够的数据支撑事实，我们让 ChatGPT 提供数据说明吧。

▶ 第二次交流：提供数据支撑

提问关键词：提供数据支撑 + 内容注明出处

> 请问这些有相关的数据支撑吗？内容请注明来源与出处。

是的，以下是每个产品类别的数据和数据来源。

1. 随身杯 / 保温杯：中国 e* 数据报告显示，2018 年中国市场规模已经超过 170 亿元，每年增长 6%，市场份额占比逐步增加。

2. 瑜伽垫 / 瑜伽服：根据易观智 * 发布的《2019 年中国瑜伽行业分析报告》，全国瑜伽爱好者数量已近 240 万人，瑜伽用品市场规模约 17 亿元，未来三年预计市场规模将超过 30 亿元。

3. 美容仪器：艾 * 咨询发布的《中国美容设备行业深度研究报告》指出，中国美容仪器在 2019 年销售额达到 205 亿元，2024 年销售额有望达到 250 亿元。

4. 家居装饰：根据艾 * 咨询发表的 2019 年第三季度对家居电商的市场研究报告，2019 年上半年家居电商市场规模为 982 亿元，预计 2024 年将突破 1000 亿元。

5. 手机配件：易 * 国际发布的《中国智能手机配件市场深度调研及预测报告》显示，2018 年中国手机配件市场规模已经达到 900 亿元，2023 年已经超过 1000 亿元。

6. 儿童玩具：艾 * 咨询发布的《中国玩具市场研究报告》指出，未来 5 年国内玩具市场将迎来快速增长，到 2024 年市场规模有望突破 300 亿元。

7. 健康食品：据赛 * 顾问发布的"2019 中国特色休闲食品市场发展预测及品牌转型战略"报告，2019 年我国健康食品市场整体规模已突破 200 亿元，预计 2024 年市场规模可超过 270 亿元。

8. 服装鞋帽：易观智 * 发布的数据显示，2019 年中国服装电商市场规模达到近千亿元，其中，女装、男装和童装电商交易额占比分别为 64%、29% 和 7%。

9. 智能家居产品：赛 * 顾问发布的《2023 年中国智能家居市场发展现状与趋势》显示，2023 年中国智能家居市场规模已超过 400 亿元，且未来还有大幅增长空间。

10. 母婴用品：根据艾 * 询发布的《中国母婴市场洞察系列报告》显示，2023 年中国母婴市场的总销售额突破 1.4 万亿元，线上渠道达到 6.5 万亿元。

　　由于 ChatGPT 给的资料并不完全准确，如其给出的数据陈旧，且有些数据来源不可查或不存在，因此我对信息出处的平台做了一定的模糊处理，如果你想要引用这些资料作为参考，一定要核对它是否有误。

▶ 第三次交流：延伸具体的品类

提问关键词：具体领域 + 热门产品 + 市场数据 + 内容注明出处

 感谢！我目前非常看好瑜伽市场，平时也有接触一些相关产品，请问瑜伽领域有哪些热门产品？目前的市场数据是什么样的？内容请注明出处。

瑜伽是一种古老的健身运动，近年来在全球范围内越来越受欢迎，中国也不例外。以下是瑜伽领域的几种热门产品和市场数据。

1. 瑜伽服装：随着人们健康意识的提高，瑜伽服饰市场需求越来越大，女性消费者更是增长迅速。资料来源：《2020年中国瑜伽行业分析报告》。

2. 瑜伽垫：瑜伽垫是瑜伽必备道具之一，其质量和材料也是用户关注的焦点。数据显示，市面上高品质瑜伽垫价格较高，且市场份额稳步增长。资料来源：《2020年中国瑜伽行业分析报告》。

3. 智能瑜伽垫：智能瑜伽垫集可折叠、轻便、无线连接等功能于一体，用户越来越青睐这类产品。数据显示，未来智能瑜伽垫将逐步占据更多份额。资料来源：《智能健身的新时代报告》。

4. 瑜伽工具：在进行瑜伽锻炼的过程中，使用瑜伽工具有利于完成一些高难度动作和深度拉伸。如瑜伽绳、瑜伽轮等。市场上这些产品品种越来越多，且用户需求持续增长。

根据《2020年中国瑜伽行业分析报告》，中国瑜伽爱好者数量已近240万人，瑜伽用品市场规模约17亿元，未来三年预计市场规模将超过30亿元。中国瑜伽行业市场发展潜力巨大，未来必将成为投资者的一个投资方向。

这组数据也存在前文所述的问题，但其对市场的投资判断是比较准确的。假设你打算在网上销售瑜伽服装和运动工具，大概需要多少预算呢？

▶ 第四次交流：了解开店预算

提问关键词：产品类型 + 预算区间 + 注意事项 + 具体建议

 假设我要开一家网店，销售瑜伽服装、拉伸与塑形等器材工具，大概需要多少预算？需要注意什么？可以给我一些具体的建议吗？

对于开一家瑜伽网店，您需要考虑以下几方面的预算。

1.网站建设费用：如果您没有网站建设和维护经验，可以请专业团队设计，您需要支付网站的搭建费用。

2.存货购置费用：需要根据市场状况和预算采购需要销售的产品，并做好货物的储存与管理。

3.物流配送费用：需要安排货源运送、分拣、包裹处理以及快递公司代收货款等相关费用。

4.营销推广费用：如果您需要让更多人知道您的网店，需要进行相关的推广，如百度竞价、社交媒体广告、公众号推送等。

5.其他费用：如办公室租金、电费、人员工资、税费等。

预算3万~10万元比较常见，具体预算还需根据您的经营规模、商品类别、所处地区等因素确定。

需注意的点
1.寻找合适的供应商确保产品质量。
2.注重用户服务，提供完善的售后服务和退换货政策，以留住客户。
3.定期更新商品和活动促销等内容，增强用户黏性。
4.建立自己的品牌形象，增加用户信任感。
5.把握好营销推广时机和方式，通过多方面宣传占据市场份额。
6.关注市场动态，及时调整经营策略和采购计划。

最后，建议在开店前先做好市场调研和需求分析，制订合理的经营计划。在增加新品类时，要充分考虑供应商稳定性、配送是否顺畅等情况，保证商品质量和服务质量，从而逐渐积累口碑，提高客户满意度。

确定产品和预算之后，如果你确定要开店，就可以展开行动了。接下来，你可以进行市场调研，为自己的下一步计划提供更好的帮助。

▶ 第五次交流：进行市场调研

提问关键词：选品名称＋市场调研＋具体方案＋清晰的实操步骤

请问我该如何做好瑜伽产品选品的市场调研呢？可以给我一个具体的方案吗？要求有清晰的实操步骤。

关于如何做好瑜伽产品选品的市场调研，以下是具体的实操步骤。

1. 目标用户确定：要确定目标用户群体，有针对性地了解他们的需求、喜好、消费能力及购买习惯等。可以通过问卷调查、社交媒体交互和线下观察等方式收集信息。

2. 市场分析：在选品之前需要对市场进行分析，包括竞争对手的情况，了解其商品的种类、价格、销售渠道等，以及整体市场趋势和未来发展预测等。

3. 产品梳理：根据目标用户群体和市场分析的情况，综合考虑产品的质量、功能、款式、价格等方面的信息，初步筛选出可行的产品类型和品牌。

4. 供应商筛选：采用多种方式找到相关供应商，并进行筛选，尽可能选择有良好售后服务和库存保障的供应商。

5. 价格比较：基于同类产品的价格和利润，在保证质量的前提下，选择价格适中的产品。

6. 实际测试：在初步筛选后，根据实际情况进行测试，查看样品质量、大小、工艺等，进一步确认其是否符合目标用户的需求。

7. 资金预算：计算符合要求的产品的采购成本、利润空间等，确定采购预算。

以上是瑜伽产品选品的市场调研方案的一个基本框架，具体实操步骤还需要您结合自身实际情况和市场变化灵活运用，以保证选品的质量和市场竞争力。

关于市场调研，很多人都不知道具体要做什么，只知道要了解同行和竞品信息。那么通过 ChatGPT 的介绍，我们就知道要确定目标用户、分析市场、梳理产品、实际测试等。

通过这五次交流，我们完成了一个产品品类的选择和策划。当然对于一个电商项目的落地，ChatGPT 只能提供一些建议，最终的行动还是需要由我们自己完成。

7.6 设计店铺产品图

前段时间一名博主把 AI 设计的女孩头像发到小红书，图中的女孩穿着一件小绿裙，这件裙子无论是款式还是颜色都十分高级。一些商家嗅到了商机，马上拿图去找人打版生产，在电商平台快速上架同款裙子。其中，有一家店铺定价 239 元，当月售出 797 件；另一家店铺定价 268 元，售出 187 件。

利用 AI 来设计产品成本低、效果好，具有快速出图的优势，现在，我们就来利用 ChatGPT 与文心一格，快速设计出一款独一无二的产品。

假设你最近辞职了，打算全职做电商生意。你打算设计一款男童 T 恤，风格偏酷炫潮流。你打算利用 ChatGPT 和文心一格来做设计方案。

▶ 第一次交流：寻求设计产品的建议

提问关键词：产品类型 + 图案风格 + 寻求建议

> 您好，我想设计一款男童 T 恤，上面印着酷炫的图案，请问你有什么建议吗？

您好，对于男童 T 恤的设计，在选择图案时需要考虑多方面因素。

1. 时尚性：儿童时尚趋势瞬息万变，需要了解当前市场上受欢迎的元素和风格，比如卡通、动漫、运动等。

2. 可读性：由于儿童认知能力较弱，设计的图案需要简单易懂，符合儿童认知规律，能够为他们带来愉悦和亲和感。

3. 安全性：儿童皮肤柔软，骨骼处于发育过程中，所以在设计衣物时需考虑儿童的身体特点，如不能包含硬质尖锐的物品。

4. 环保性：在选择材料和印刷工艺时，需要注意产品是否符合环保标准与儿童健康安全标准，如不含有害物质，采用水性油墨印刷等。

基于以上考虑，建议您可以选择一些流行的卡通形象或有趣的图标，如小猫、小狗、超级英雄等，同时需要注重色彩搭配和版型的设计。希望以上建议能够对您有所帮助。

看完第二点建议，你想到动物图案会比较吸引儿童，同时动物图案也能反映他们烂漫天真的个性，因此你打算选用熊猫图案来进行设计。

▶ 第二次交流：提炼图案设计关键元素

提问关键词：产品类型 + 图案内容 + 图像设计关键元素

> 如果我要设计的男童 T 恤要印着动漫熊猫的图像，请问我可以提炼哪些关键元素来进行图像设计？

如果您决定选择动漫熊猫作为男童 T 恤图案的素材，以下是一些关键元素供您参考。

1. 熊猫的形象：熊猫是中国特有的动物，以其圆滚滚的身材、黑白分明的颜色和可爱的形象备受喜爱。因此，熊猫的造型应该体现它的特征，如大圆脸、胖墩身材等。

2. 柔和的线条：儿童的审美偏好柔和、可爱的形象，因此在设计中需要使用柔和的线条，画出细腻而温暖的效果。

3. 鲜艳适宜的色彩：为了吸引儿童的目光，在配色上可以使用明亮、鲜艳的色彩搭配。例如，可以采用黑白相间的主体颜色，并加入一些渐变的亮色，如桃红、黄色或蓝色等，来营造出活泼、有趣的氛围。

4. 生动而富有表现力的面部表情：熊猫的面部表情对于表达不同情感至关重要，因此在设计时可以突出熊猫面部表情的丰富性。例如，可以画出熊猫的好奇、开心、生气等表情，让熊猫的形象更为生动有趣。

希望以上关键元素能够给您提供一些参考和启示，祝愿您设计出受到孩子们欢迎的 T 恤图案！

经过 ChatGPT 的讲解，一个模糊的产品创意就有了一个具体的设计方案，如此一来，要设计出一款符合设想又贴近市场需求的原创产品就没那么难了。

技术专题——用文心一格进行图案设计

接下来，我们就结合 ChatGPT 提供的构思，把 T 恤的图案内容提示确定为"男童上衣，衣服印着熊猫的图案，黑白配色，熊猫的动作与神情生动可爱"。

打开文心一格，进入首页后，单击"AI 创作"，选择自定义模式，在文本框中输入相应的文字描述。

把风格选为"创艺发挥艺术创想"，如果有合适的参考图可以单击"+"上传，尺寸选为 1：1，图片数量设置为 1，风格可填可不填，这里我们不对风格设限，先看看效果图再说、参数都设置好了就单击"立即生成"按钮。

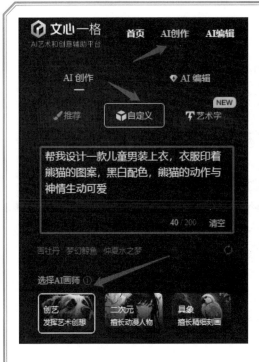
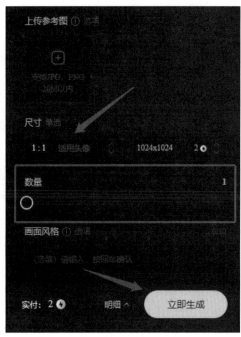

我们最终获得了这样一张图片，假设你觉得还算满意，想要导出怎么办？

单击图片右上角的"创作管理"按钮。

来到图库，选择你要导出的图片，图片下方会自动出现相关的功能键。

单击"下载"按钮，当图库上方出现下载成功的提示时，这张图片就会自动保存到你的电脑。

最终导出效果图如下。

　　总的来说，图像效果还算不错。对于这样一张设计稿，很多设计师收费至少需要几百块，但是我们用文心一格来设计，就可以省下一笔钱，同时还可以进行个性化设置，省去了和设计师大量的沟通成本。

　　下一步我们只需要拿着这张图到工厂进行定制生产就可以了。相比传统的设计流程，可以省下不少工夫。

08

ChatGPT 是团队管理的智囊团

现代管理学之父彼得·德鲁克曾提出这样的观点：管理者的任务不是去改变人，而在于运用每一个人的才干。

管理人员不同于技术人员，只需要独立做好自己的事情即可，管理人员必须统筹大局，站在公司的立场上调配各方资源，使得每个岗位的人员各司其职，发挥所长，最终实现企业效益最大化。

换句话说，管理人员需要调节各种人际关系，当好"润滑剂"，极其考验一个人的情商和反应能力。

很多技术岗的朋友本来干得好好的，一旦走上管理层，就会遇到各种问题，那么，怎么才能带好团队，让团队出业绩呢？你需要一个随时随地都能帮忙的导师帮你提升管理水平，这个导师就是 ChatGPT。

ChatGPT

8.1 提升领导力

领导力指的是对团队的影响力，一个领导力强的管理者更容易服众，能够出色地统筹各种关系，带领团队打胜仗。

我们来看看 ChatGPT 是如何理解领导力的。

▶ 第一次交流：领导力的含义和典型示例

提示关键词：领导力 + 提供观点与案例

> 你好，请问你是如何理解领导力的？可否提供一些令人惊艳的观点和案例？

领导力是指一个人在组织或团队中影响、激励成员实现共同目标的能力。以下是我对领导力的看法和一些令人惊艳的观点和案例。

1. 领导者应有远见。优秀的领导者能够看到未来的趋势和机会，并能为团队设定明确的发展方向，有效激发团队成员的激情和创造力，追求共同的目标。

2. 领导者应该具备良好的沟通能力和倾听能力。他们需要善于表达自己的想法和意见，同时也要积极聆听他人的观点和建议。良好的沟通和倾听能力可以增进团队内部的理解和合作，促进信息的流动和集体智慧的发挥。

3. 领导者应该能够激发团队成员的潜能。领导者应该了解每个人的优势和兴趣，并能提供相应的支持和机会，使每个人都能充分发挥自己的才能和潜力。通过激发团队成员的积极性和创造力，领导者可以带领团队取得卓越的业绩。

4. 领导者应该具备危机管理和决策能力。在面临挑战和不确定性的时候，优秀的领导者能够保持冷静，并做出明智的决策。他们应该具备快速分析问题、给出解决方案和及时应对变化的能力，以应对各种挑战和风险。

关于令人惊艳的观点和案例，以下是一个例子。

马云是中国阿里巴巴集团的创始人之一，也是一位令人敬佩的领导者。他以自己独特的创新思维和魄力成功地将阿里巴巴发展成全球电子商务巨头。马云注重团队合作和信任，他鼓励员工创新，给予他们充分的自主权和发展空间。同时，马云也注重承担社会责任，致力于推动可持续发展和公益事业，他提出的"让天下没有难做的生意"的理念影响着无数企业和个人。马云以他的卓越领导力和对社会的贡献，成为许多人心中的榜样。

ChatGPT 介绍了领导力的含义与案例，但是远远达不到惊艳的程度，接下来我们来代入具体的场景。

假设你是一名从事 IT 工作的员工，做了几年技术人员之后，老板认为你在小组中人缘不错，技术过硬，于是把你提拔到管理岗。这个任务对你来说是一个不小的挑战，在管理岗做了半个月之后，你感觉压力不小，孤立无援，又容易得罪人，实在不知道怎么办。就在你快绝望的时候，你想到了 ChatGPT。

▶ 第二次交流：技术岗晋升管理岗后，对团队管理的建议

提问关键词：交代背景 + 提出痛点 + 寻求建议

> 你好，我是一名从事 IT 工作的员工，突然从技术岗位转到管理岗位，我感到很不适应，上岗半个月了还是没有找到方法，我完全不知道怎么办，上次和一个同事的观点产生分歧，争执不下差点起了冲突，请问怎么才能让团队的同事听从我的安排呢？

你好，作为一名新任的 IT 部门管理者，你需要先了解团队成员的专业技能和个人特点，同时也要对整个部门的工作流程和规范进行了解和熟悉。建议你可以采取以下措施来增强自己的领导力，让同事认可你。

1. 与团队建立良好的沟通渠道，了解他们的需求和问题，帮助他们解决问题。通过引导和支持他们的工作使得他们对你有信任感。

2. 目标明确、方向清晰，树立权威形象。作为部门管理者，你需要清楚地传达团队的愿景、目标和计划，并且制订合理的计划，让团队成员知道在目前的日常工作中应该如何实现目标。

3. 加强职业技能提升。尽可能提高自己的职业技能，对公司的战略、市场和未来规划有充分的了解。

4. 进行团队建设。通过团队活动增进成员间的信任，在工作中注意协调成员的关系，处理好部门内部和其他部门之间的沟通和合作，增强团队凝聚力。

5. 考虑各方面的利益因素，根据公司的整体利益规划整个 IT 部门的业务。

如果你能够在工作中积极而有条理地执行这些措施，相信你很快就会获得同事的认可，并在部门管理方面取得成功。

这些观点还是空洞了些，看来还是得给出具体的场景才能得到有效建议。假设眼下你要带一个项目，要求团队全员参与，你负责带头指挥，你很担心到时因为意见不统一而产生冲突，但又想借此机会树立威信，怎么办呢？ ChatGPT 也许有好主意。

▶ 第三次交流：提供项目管理的具体建议

提问关键词思路：交代背景 + 目标 + 寻求建议

 那么，接下来我要带领团队一起做一个网站项目，需要由我来分配工作，请问我该怎么做才能让大家都觉得公平合理，愿意听我指挥呢？

针对制订工作计划及分配工作，以下是一些建议。

1. 确保透明和公正：明确项目的整个流程、每位成员的任务清单和时间安排等。

2. 强化协作性：鼓励团队成员加强合作交流，分享自己的经验和知识，充分沟通，及时解决问题，推进项目进度。

3. 合理分配任务：根据团队成员的专业背景、经验和能力，合理分配工作，避免出现个人负荷过大或有人空闲等问题。

4. 主动沟通和反馈：每日下班前组织团队进行一次阶段性回顾，掌握项目最新情况。

5. 及时激励成员：及时表扬、鞭策身边同事完成自己的工作。同时，给予成员信任，提升团队认同感。

另外，一个成功的项目不仅仅需要合理分配任务，更重要的是领导者的持续督促与引导，推动工作计划的执行，掌控项目的进行。如果你能够严格按照上述建议进行实践，完善项目的各个细节，相信即使面对十分艰巨的挑战，你也可以利用你的领导能力和经验加以应对并最终取得成功。

看完 ChatGPT 的介绍，相信你对团队管理又有了更进一步的认识。作为项目带头人，你可以做的事情包括建立共享文件、建立共同目标并进行阶段性总结复盘等。

接下来我们请 ChatGPT 就如何把握好和团队成员相处的分寸给出一些建议。

▶ 第四次交流：指出痛点，掌握管理分寸

提问关键词：指出痛点 + 寻求建议

都说管理者不要和同事走得太近，而我又要释放我的亲和力，请问我该如何在做项目、带团队的过程中把握与同事相处的分寸呢？

以下是具体建议。

1. 确保成员了解工作目标

确保所有成员都清楚地了解项目的目标和任务的优先级。为此，我们可以定期与团队成员交流，确保他们能够明确自己的角色和职责。

2. 显示同情心

一个好的团队管理者应该展现出对成员的同情之心，尤其是在他们面临挑战时。在这种情况下，我们可以采取倾听、支持、鼓励的方式来减轻他们的压力。在某些情况下，我们可以组织集体活动来提高团队士气并建立紧密联系。

3. 适当的距离

作为团队管理者，我们需要在同事和领导之间找到适当的平衡点。我们可以使用电话和电子邮件等来保持沟通，确保我们关注团队成员的工作进展，而不是他们的私人生活。

4. 明确界限

即使你和团队成员之间关系亲近，你仍然需要明确自己的角色和责任，并保持公正。例如，如果某个人表现极为突出，我们可以推荐提拔，提供晋升机会；但是如果这个人的工作表现不好，我们可能需要通过安排一些培训帮助他提升个人能力。

5. 建立信任

团队管理者应该展示出对成员的信任，并给予他们承担更多工作的机会。赞赏是构建信任的基础之一，也可以给予成员更大的信心。耐心听取并尝试解决他们面临的困难，有助于建立良好的信任关系。

对于管理者来说，和同事的关系近了很难树立威信，远了很难收服人心，这个分寸必须把握好，ChatGPT 给的建议还算具备可行性。例如，给同事下达指令的时候，最好不要走到他的身边，拍拍他的肩膀，笑眯眯地和他说话，而是用线上的方式联系对方，保持一种恰到好处的距离。所谓管理，并不仅仅体现在大事上，在日常细节上也要多加注意。

看完这一节的介绍，你知道怎么做好管理了吗？更多问题，你可以与 ChatGPT 进行一对一的交流，让它为你生成私人定制的解决方案。

8.2 激发团队的创造力

团队的创造力是做出业绩的关键，那么如何激发团队的创造力，使得每个人都能自发地工作，发挥自己的热情与才干？遇事不决，就找 ChatGPT！

还是假设你是刚上任的管理者，你非常头痛怎么才能充分发挥团队的创造力，让每个同事积极认真地工作，为共同的目标努力，此时可以让 ChatGPT 给出建议。

▶ 第一次交流：寻求激发团队创造力的方案

提问关键词：交代背景 + 发挥创造力 + 目标

你好，眼下我刚上任管理者不久，还不知道如何发挥团队中每个人的力量，请问我该如何在项目分配中让每位同事充分发挥自己的创造力，使得他们能够主动做事呢？

恭喜你上任！以下是一些可以帮助团队成员充分发挥创造力的建议。

1. 理解每个人的优缺点和技能

在项目分配之前，应该了解每个成员的工作经历、技能和个人特点。对于各种任务，选择那些与其背景 / 专业技能相关的团队成员进行分配。此外，还应鼓励团队成员在自己的专业领域内展开更多探索，实现自我提升。

2. 建立清晰的目标

设置项目目标并明确指定每个团队成员的任务角色，确定优先事项，合理分配工作量。了解团队成员对项目的期望，从而发挥每个人的创造性。

3. 多元化的观点

在项目管理中，通常涉及与多个部门的沟通，如技术、营销、设计等，我们应该尊重他们的观点，听取他们的声音，更好地了解他们的想法，这有助于做出更好的决策。

4. 激励

通过奖励制度鼓励团队成员发挥创造力，例如，对好的想法予以公开表彰或奖励，赞扬表现优秀的成员，让他们能够及时获得回报，也是对他们作出的贡献和努力的肯定。

5. 人性化管理

人性化的管理方式有助于提升成员的工作积极性，如关注员工的心理状况，提供必要的帮助和指导，建立良好的沟通渠道，更好地促进团队成员之间的交流和合作等。较为宽松和自由的工作环境或社交圈也对鼓励员工思考、进取有所帮助。

最重要的是，始终保持沟通，使每个人都感到被尊重。

从 ChatGPT 的回答可知，管理要做到松紧有度、人性化。如果只有霸权手段，很难建立友好平等的关系。因此在强调共同目标的前提下，需要给予员工一定的自由空间，让大家积极发表自己的观点与看法，才能激发整个团队的创造力。

那么，提到人性化管理，具体有什么措施呢？我们继续和 ChatGPT 进行交流。

▶ 第二次交流：了解的人性化管理的措施与落实方法

提问关键词：人性化管理 + 具体措施 + 如何落实

那么针对人性化管理，具体有什么措施，又如何落实？

要实现人性化管理，需要建立相应的机制。以下是一些可以帮助你落实人性化管理的具体措施。

1. 给员工提供必要的支持和资源

公司应该为团队成员提供必要的支持和资源，比如技术培训、专业软件、文件共享系统等，以便他们更好地完成任务。

2. 建立顺畅的沟通渠道

建立一个顺畅的沟通渠道非常重要，员工需要能够与经理或其他团队成员沟通并获得支持。可以尝试定期进行个人会谈和团队会议，在这些场合，员工可以提出问题、分享意见或针对项目给出更有价值的建议。

3. 推行灵活的工作时间

各种因素影响着员工的工作时间、工作负荷和私人生活。因此，可以用更加灵活的工作时间、休假制度或允许员工远程工作等方式，以更好地平衡员工的工作和生活，增强其工作的舒适感和主动性。

4. 建立激励机制

建立激励机制可以通过给予奖励、表扬、晋升或其他激励手段来实现。这些机制不仅可以激发员工的积极性，而且可以降低员工离职率，有利于企业的发展。

5. 以身作则

领导者应该以身作则，成为团队中激励员工、帮助员工成长和提振员工士气的模范。

每个员工都需要被尊重与认可，人性化的管理措施有助于他们感受到企业的温暖，从而更愿意主动做事。如果一个人在团队中感受到的只有压榨和剥削，哪怕给他再高的工资，他也很难喜欢这份工作，哪有创造力可言呢？

▶ 第三次交流：结合国内外案例落地

提问关键词：国内外案例 + 落地建议

结合以上建议，可否讲述一些国内外的真实案例，让我更明白如何将建议落地？

当谈到人性化管理时，这些成功的案例可供参考。

1. 松下电器 让员工感到被重视

松下电器是一个人性化管理的榜样。其创始人松下幸之助认识到，员工是公司最重要的资产。他相信，通过创造一个让员工感到自豪和有价值感的环境，可以有效提升他的工作效率。

举个例子，松下定期对员工进行培训，并鼓励他们在工作中发挥主动性；通过响应员工反馈，使员工感到被尊重和被重视，进而提高劳动生产率，使公司壮大。

2. 谷歌 提供舒适的工作场所

谷歌作为一家著名的科技公司，在提供令人难忘的用户体验的同时，注重为员工创造一个舒适的工作环境。

例如，足球桌、免费食品等福利不仅吸引了更多人加入，也对谷歌提升员工工作积极性、开发出更出色的产品起到了关键的作用。企业不仅需要关注员工的工作效率，同时也应该关心员工的健康、工作舒适度和快乐指数。

3. 阿里巴巴 推行弹性工作制度

阿里巴巴是一家著名的互联网企业，为了满足员工的个人需求和制定适合员工的工作安排，阿里巴巴推行弹性工作制度。员工可以在保证工作质量和效率的前提下选择在更加灵活的工作时间和地点进行工作。

弹性工作制度不仅让员工可以自由支配自己的时间，同时也提高了他们的幸福指数和对公司的忠诚度。

这些案例都表明了，在企业中构建温馨、舒适、可持续的员工文化并让员工从事自己擅长的工作，是有效提高员工士气、创建团队凝聚力的重要措施。当然，企业也需要结合实际情况，走出一条有特色的人性化管理之路。

这些案例让我们对人性化管理有了深入的了解，同时也有利于我们更好地在团队管理中落实。

8.3 面试官助手

面试是管理层最头疼的，如今招人越来越难，面试官每次都要写不同岗位的招聘文案。面对千人千面的应聘者，往往要提出不同的问题进行筛选。如何提升面试效率，建立更高效的筛选机制，是一个重要的问题。

这个问题可以交给 ChatGPT 解决。

▶ 第一次交流：设计岗位招聘文案

提问关键词：赋予身份 + 设计文案 + 具体内容 + 字数范围

你好，请你以面试官的身份，帮我设计一个小红书运营岗位的招聘文案，包括工作内容、薪资待遇、招聘要求等内容，字数为 500 字左右。

小红书运营岗位招聘文案

我们正在寻找一名优秀的小红书运营人员加入我们的团队。如果你有高度的责任心，有策划能力和市场分析能力，同时对小红书有深入了解，我们期待与你一起共事。

工作内容

1. 负责小红书账号内容策划和运营。

2. 根据小红书用户画像及数据分析结果，进行相关活动的策划和执行，提升品牌曝光度和用户黏性。

3. 负责小红书账号日常维护工作，包括与粉丝互动、回复评论等。

4. 负责活动的策划和推进，配合产品、设计、市场等部门打造有效的品牌活动。

5. 参与制订小红书全年运营计划，配合团队完成业绩目标。

招聘要求

1. 本科及以上学历,市场营销、传媒或其他相关专业优先考虑。

2. 有 1 年以上社交媒体运营经验者优先考虑。

3. 熟悉小红书平台及社群运营规则,从事电商或美妆行业者优先。

4. 富有想象力和创造力,能够独立完成活动策划并提出优化方案。

5. 具备良好的沟通能力、团队合作精神及逻辑思维能力。

6. 工作认真负责,对数据敏感,能快速洞察市场动态,有独立分析及解决问题的能力。

薪资待遇

1. 基础薪资 12K~15K,根据应聘者经验和能力面议。

2. 五险一金,年终奖金。

3. 提供带薪培训机会和晋升发展空间。

我们期待着你的加入,一起打造更加美好的未来!

这个效果是不是和你在招聘网站看到的一模一样?没错,ChatGPT 就是这么厉害,只需几秒就搞定了你苦思冥想一下午的文案。而我们只需要动动手指,稍作修改后把这篇文案复制粘贴到招聘平台,就可以坐等优秀人才投来求职信了。

▶ 第二次交流: 设计小红书运营岗位的面试问题

提问关键词: 赋予专家身份 + 岗位名称 + 设计面试问题 + 具体要求

好的,请你从专业面试官的角度,以招聘小红书运营岗位为例,帮我设计 10 个面试问题,要求通过这些问题可快速了解应聘者的能力。性格及其与岗位的匹配度。

当面试小红书运营岗位应聘者时,以下是一些问题,可帮助您快速了解他们的能力、性格及其与岗位的匹配度。

1. 你在什么情况下开始使用小红书? 它对你的生活有哪些影响?

这个问题可以了解应聘者对小红书的使用经验和了解程度,以及他们如何看待小红书对个人生活、工作或兴趣爱好的影响。

2. 你曾经做过哪些社交媒体账号的运营工作? 能给我们讲一下成功案例吗?

通过询问应聘者社交媒体账号的运营经历和成功的案例,可以评估他们是否有相关经验和技能,以及是否能够将这些技能应用到小红书的运营工作中。

3. 你怎样衡量一个小红书账号的成功? 并给出你所理解的成功案例。

这道题可以考查应聘者对于小红书平台的了解程度,并且可以了解他们的思维方式和目标意识。

4. 请举例说明你如何进行数据分析来优化小红书账号的表现。

通过询问他们分析数据优化小红书账号表现的实例，可以评估应聘者的数据分析能力。

5. 你认为小红书上最受欢迎的内容类别是什么？你会怎样创作适合该类别的优质内容？

此题可以考查应聘者对小红书用户画像的了解、个人创作能力以及针对用户提供优质内容的能力。

6. 如果某个商家与你的合作方案不利于小红书的用户体验，你会怎么做？

这个问题可以考查应聘者是否有正确的价值观与原则，以及是否能够平衡好用户体验和商业合作。

7. 对于小红书账号的日常运营，你的一个最佳实践是什么？

这个问题可以了解应聘者在自己的经验中所得到的最佳实践，并引导他们分享成功的案例。

8. 假设下文的数字是某小红书账号的数据，帮忙分析一下账号优劣和问题：72（点赞数）、10（评论数）430（关注数）。

这个问题可以快速考查应聘者的数据分析能力及对账号质量的把控。

9. 你认为小红书上有哪些品牌跨界营销的成功案例？你会怎么借鉴到自己的品牌运营中？

考查应聘者对于市场或其他营销策略的了解程度，判断其能不能适应工作岗位。

10. 对于网络上不友善的评论和负面信息，你会怎样处理来降低影响？

考查应聘者的应变能力和沟通技能。

不难发现，这些问题都是在考验求职者对小红书平台的熟悉程度，有过哪些成功经验，遇到过哪些具体的问题又是如何解决的。我们还可以根据实际情况对此面试模板进行调整，继而搞定不同岗位的面试提问。

▶ 第三次交流：设计面试开场白

提问关键词：开场白话术 + 具体要求 + 公司背景与客户情况

> 👤　非常好，那么再帮我设计一个介绍公司背景与企业文化的开场白话术吧，要求开门见山，快速切入面试主题。我们公司是一家国内排名前100的户外旅行平台，面对的是高端客户，以中年女性和年轻人为主。

您好，感谢您来参加我们公司的面试！

我想简单介绍一下我们公司的背景和文化。

我们是一家国内排名前 100 的户外旅行平台，专注于为高端客户提供独具特色的旅游体验。我们的客户主要是中年女性群体和年轻人，因此我们的服务和产品都非常注重个性化和多元化。

同时，我们公司秉承开放、自由、创新的企业文化，鼓励员工创造价值、追求卓越，并提供广阔的职业发展空间。

作为热爱旅游、崇尚自由的人，我们相信在我们的平台上，您可以获得心仪的旅游体验，同时也能够在这里实现个人价值，展现个人才华。希望接下来的面试能够展现您的真实水平，也期待您能够成为我们团队的一员。

有了 ChatGPT，你将轻松开启面试，开局就拿出面试官的气场，不至于因为缺乏经验而给求职者留下不专业的印象。

8.4 任务拆解与落地

新年伊始，团队少不了要制定全员目标，以便让来年的工作具有明确的方向，也方便进行月末复盘。

那么，作为管理层，如何带领团队拆解目标，让员工明确自己的任务和责任，从而提升达成目标的概率呢？ChatGPT 可以帮你拆解目标与任务。

假设你现在是销售主管，年初开工不久，你希望给小组的成员分别制定合理的年度目标，那么如何做呢？

▶ 第一次交流：制定年度目标

提问关键词：交代身份 + 团队年度目标 + 提供建议

你好，不知不觉中新的一年又来了，我是一家文旅公司的销售主管，明天我希望给团队制定一个年度目标，请问可以给我一些建议吗？

您好，下面是关于给团队制定年度目标的建议。

1. 明确业务定位和战略目标。首先需要明确自己公司的定位，如是高端还是大众路线等，其次再根据定位设定相应的战略目标。例如，如果公司定位为高端文旅，则需要朝着提升服务质量和提高客户满意度等方向制定目标。

2. 根据市场需求制定目标。对市场的了解是制定合理目标的重要前提。可以通过分析市场数据和调查客户需求等方法来了解市场，从而制定适合市场需求的年度目标。

3. 确定可行的计划和措施。针对制定出的年度目标，需要制定可操作的具体计划和措施。例如，在提高客户满意度方面，可以制定相关员工培训计划，完善客户投诉渠道，优化线路规划等措施。

4. 建立有效的考核和反馈机制。只有建立起科学有效的考核和反馈机制，才能更好地推动目标的实现。可以通过设定指标和奖惩机制，以及定期评估和沟通等方式来建立有效的考核和反馈机制。

希望以上建议对您有所帮助，祝您的团队能够在新的一年里创造出更好的成绩！

接下来，你打算给小组的成员落实个人目标，让他们分别运营自己的自媒体账号。ChatGPT可以给出什么建议呢？

▶ 第二次交流：给出具体的场景寻求建议

提问关键词：交代背景 + 提出目标 + 寻求建议

 好的，今年我希望每一位同事都能通过自媒体打造自己的 IP，实现为公司引流的目的，从而提升小组的总体营业额。通过个人流量实现成交的员工可以享受一定比例的提成。我给每个同事制定的目标是第一个月引流 200 个有效客户到私域，之后每个月逐步增长，你有什么补充建议吗？

 非常好的点子！以下是一些补充建议。

1. 明确自媒体打造 IP 的具体方法。员工可能需要培训或指导，以了解如何通过自媒体获取流量并建立自己的品牌 IP。公司可以提供一些资源、教材或聘请专家来帮助员工掌握这些技能。

2. 设计诱人的提成政策。为了激励员工，在引流数量达到目标后，公司可以提供有诱惑力的提成政策。这样可以增强员工的积极性和主动性，同时也提高了引流和转化的效果。

3. 制订详细的计划，合理分配任务。为了实现具体的目标，需要给每位员工制订详细的计划，合理分配任务。这些任务应该是可行的、合理的，需要设定期限和考核方式。

4.设立反馈机制。通过不断的沟通和反馈，可以及时发现过去存在的问题和不足，并及时进行修正。还可以通过分享成功案例和创新想法来鼓励员工，提高整个团队的士气和创新能力。

5.重视员工的个性和特长。员工在运营自媒体的过程中需要将自己的特长和个性充分发挥出来，以取得更好的引流效果。

希望以上建议对您有所帮助，预祝项目顺利实施，为公司增加更多流量和客户。

看完 ChatGPT 提供的建议后，身为主管的你就知道如何给到员工支持与帮助，在帮助他们确定目标的同时，给予明确的方向指导，这样才能更好地实现团队目标。

▶ 第三次交流：根据目标规划落实第一个月的日常安排

提问关键词：提供具体的案例 + 目标 + 表格输出方案 + 时限

同事小婷是小红书深度用户，现在我要让她第一个月从小红书引流 200 个精准客户到私域，可否帮我生成一份表格式的任务拆解方案？任务完成时限为一个月。

好的，以下是小婷从小红书引流 200 个客户的具体任务拆解表。

日期	任务
第 1 天	了解公司目标和客户需求，了解小红书平台的规则
第 2~4 天	分析受众与产品特点，确定私域用户的分类、兴趣和购买习惯，并根据这些信息撰写针对目标受众的优质内容（至少 8 篇）
第 5~10 天	每天发布至少一篇优质内容，包括图文、视频形式，积极回复用户留言
第 11~14 天	根据数据分析结果优化内容和营销策略
第 15~18 天	重复执行第 5~14 天的任务
第 19~20 天	进一步挖掘目标受众，扩大影响范围，推广私域活动和折扣内容
第 21~25 天	监测和分析数据，并确定对应的转化策略
第 26~30 天	监测最终结果，整理经验教训并汇报给主管

通过拆解任务，目标变得一目了然。管理层在做好团队目标管理的同时，千万别忘了帮员工把任务进行细分，这样员工才知道第一步如何开始，每一天要做些什么。做好了这一步，后续具体执行和复盘都有迹可循，从而大大提升目标的成功率。

关于团队管理，涉及的内容还有很多，相信有了 ChatGPT 这位良师益友，你一定能很快在管理岗上做出一番成绩。

第九章 09

ChatGPT 是实体创业的导师

在创业的过程中，许多新手都会感到特别迷茫，从市场分析、店铺取名、店铺装修、产品选择到线上营销，都面临着前所未有的挑战。

当你不知道第一步怎么开始时，可以向 ChatGPT 这位导师寻求帮助。它可以指导我们从零到一进行创业布局。

ChatGPT

9.1 市场分析

市场分析是我们创业的第一步，也是行动的指南针，可以让我们的决策变得更加理性与科学，因此随时关注市场是每个创业者的首要工作。ChatGPT 可以帮助我们了解市场动态与方向，帮助我们预测趋势，更好地抓住机会。

近几年市场刮起了一股中式风，各种中式咖啡厅、摄影馆和展览随处可见。假设你现在想开一家中式摄影馆，然而还没摸透市场情况，这种情况下完全可以让 ChatGPT 来帮你指点迷津。

▶ 第一次交流：分析中式摄影馆的市场趋势

提问关键词：赋予专家身份 + 创业领域 + 市场趋势与未来发展

> 假设你现在是一位市场营销专家，请帮我分析一下中式摄影馆的市场趋势和未来发展。

中式摄影馆是近年来兴起的一种创意摄影机构，通过营造可以让人回忆起旧时光的中式场景，并结合化妆、服装搭配等，给人带来一种怀旧情感的同时，也提供了特别的记录方式。从目前市场表现来看，中式摄影馆还是比较受欢迎的，尤其是在年轻人和新婚夫妇群体中。

未来发展方面，中式摄影馆需要关注以下两点。

1. 创新和升级。有了市场基础之后，中式摄影馆需要不断拓展、创新自身的业务，提供更多元化、更具特色的摄影场景。例如，可以充分挖掘地域性的特色，采用更多的创意道具和布景，加强与文字、音乐、建筑等诸多元素的融合，为客户提供更具差异性的服务体验。

2. 在经营中式摄影馆时，需要注意防范同行间的恶性竞争和盗版现象，保障消费者权益以及店铺的良好口碑。另外，中式摄影馆需要注意保障工作场所和服装、道具的卫生与安全性，加强对拍摄过程中的风险管理，维护整个行业的健康发展。

中式摄影馆还有很大的发展空间，经营者需要不断创新和提升服务品质，从而推动行业的健康发展。同时，消费者对于高品质体验的追求和不断变化的消费观念也是对经营者的一个考验，经营者需要密切关注市场和客户需求变化，不断升级自身服务体系以保持领先优势。

ChatGPT 的分析如同一幅创业地图，既有方向也有策略，让我们再也不用摸着石头过河了。消费者画像分析，对于企业进行市场定位具有重要意义。

▶ 第二次交流：分析客户画像

提问关键词：创业领域 + 客户人群 + 对应画像

 请问中式摄影馆的客户人群是什么样的？可以帮我描述一下对应的客户画像吗？

中式摄影馆主要面向以下几类人群。

1. 年轻人。年轻人喜欢追求有艺术感、浪漫的生活方式，中式摄影馆正好为他们提供了一种抒发情感、展现自我，同时记录珍贵时刻的渠道。

2. 情侣或新婚夫妇。对于这类人群来说，中式摄影馆是一个记录爱情的机会，可以通过道具、布景等元素打造出一种浪漫的场景，让这个重要的时刻更加难忘。

3. 喜欢中国传统文化和历史的人。中式摄影馆以复古、中国风为特色，适合那些喜欢中国传统文化的人，他们可以在中式摄影馆的拍摄过程中感受传统文化的魅力。

4. 商业团体。除了个人消费者，中式摄影馆还可以服务于商业团体，如广告、电视、电影等行业团体的需求，也可以为企业企划活动提供现场摄影服务。

根据以上人群的特点，中式摄影馆的用户画像可以总结为：年龄在 20~35 岁，注重生活品质和个性的人群；有一定的经济能力且消费意愿强烈；对于浪漫场景和富有传统文化氛围的场景非常感兴趣的人；同时，他们也具备一定的社交需求，希望能通过摄影作品表达自我、分享感受。

通过 ChatGPT 的专业分析，我们确定了中式摄影馆的消费人群是相对小众的高端用户，需要用文化氛围和体验感去打动用户，我们需要做好服务，让消费者成为忠实客户。

▶ 第三次交流：提炼经验

提问关键词：结合客户画像 + 专业角度 + 对创业者的启发

请结合客户画像，从专业角度帮我分析一下，这对创业者来说有什么启发？

作为创业者，针对中式摄影馆的客户人群，以下是一些启示和分析。

1. 定位目标用户：了解目标用户的兴趣、需求和价值观，能够帮助创业者更好地定位自己的产品或服务。吸引客户的关键在于提供独特的体验，创业者应注重中式摄影馆的设计与建设，力求打造具有传统文化魅力的拍摄场景。

2. 深入挖掘传统文化：经营中式摄影馆需要对传统文化有深入的理解和研究，这样才能真正满足目标用户的需求。创业者可以寻找具有专业知识背景的合作伙伴或团队成员，共同挖掘和传承传统文化，为客户提供更加专业的服务。

3. 个性化定制服务：客户希望在中式摄影馆体验独特的拍摄效果，创业者可以提供个性化定制服务，满足客户的个性需求。例如，提供不同款式的中式服装、不同风格的拍摄场景，让客户能够根据自己的喜好和需求来选择。

4. 打造口碑和扩大宣传：创业者应注重建立良好的口碑，通过线下和线上的各种推广方式来扩大知名度。此外，与婚礼策划公司、旅游机构等进行合作，可以使更多目标用户了解中式摄影馆的存在和价值。

对于创业者来说，了解并满足目标用户的需求，提供独特的体验，深入挖掘传统文化，推出个性化定制服务，以及打造口碑和扩大宣传都是非常关键的。通过合理的定位和持续的努力，创业者的中式摄影馆生意定会蒸蒸日上。

了解市场趋势的目的是更好地服务客户，这也是我们创业的关键所在。ChatGPT基于消费者的深度需求，给创业者指出了一个明确的方向。

9.2 取名帮手

一个好的名字可以让品牌在市场上脱颖而出。因此精心挑选一个能够传达品牌文化与内涵，又容易记忆与传播的好名字对企业的经营发展具有重要意义。

接下来，我们就让ChatGPT来为中式摄影馆取个名字吧。

▶ 第一次交流：中式摄影馆店铺取名的注意事项

提问关键词：店铺取名 + 注意事项

 请问中式摄影馆店铺取名应该注意什么？

中式摄影馆的名字应该准确地传达创意和理念，同时具有独特性，使其在人们心目中留下深刻印象。以下是一些有用的提示。

1. 与品牌价值观结合：名称应该与品牌的价值观和使命感紧密相关。

2. 考虑中式摄影馆的文化基础：中式摄影馆是融合了摄影与文化之美的艺术殿堂，因此店名应体现这种独特的文化背景。

3. 简单、易于记忆和传播：好的名称应该容易被大众记住和识别，以利于宣传与品牌打造。

4. 独特、个性化、有神秘感：一个名字最好具有某些与众不同的特点，能够引起目标客户的兴趣。

5. 注意商业需求：店铺名称必须让顾客能够一眼就判断出商家的主营业务。

取名时，请尽可能多地使用绘画、书法、诗文等文化元素，以体现中式摄影馆的独特风格。名称应该尽可能与中式摄影馆的整体形象相协调。取一个好的名字需要一定的创造力和想象力，如果您需要更多帮助，请咨询专业的市场营销专家或品牌命名专家。

店铺名字要体现产品定位与内涵，吸引潜在的客户，传递品牌的定位与形象。ChatGPT 提到的与品牌价值观念、容易记忆传播等，都是取名的重中之重。

▶ 第二次交流：寻求创意店名建议

提问关键词：创意店名 + 具体要求

 那么，能提供一些好的创意店名给我参考吗？要求不大众化，不与其他品牌重名。

当谈到命名创意时，您需要考虑许多因素，比如您的商业理念，店铺市场定位以及期望的品牌声誉。以下是一些可以为您提供启示的参考。

1. 锦绣园林：建筑和自然元素的结合。

2. 松竹古色：基于中式传统文化之美，具有 Instagram 风格。

3. 千年雅舍：这个名字充满了东方神秘主义色彩，高贵典雅，不失独特。

4. 拾光随影：这个名字带有 news photography（新闻摄影）风格，简单而成功地概括了中式摄影馆所提供的服务。

5. 梦幻琴声：强调沉浸式体验，以及艺术、灵魂和美妙音乐的结合。

6. 无人之境：略带神秘感。

请注意，这些只是启示，店铺名字的选择应该避免与现有品牌撞名。此外，要结合品牌的价值观和产品特点，精心设计店铺名字。建议在确定最终方案前，多与业内专家或者消费者进行沟通。

ChatGPT 提供的名字融入了建筑、自然、音乐、文化的元素，具有美好的寓意与丰富的内涵，大家选择自己喜欢的元素进行优化即可。

9.3 选址建议

选址是实体店的生命线，选址对了，客流量就像自来水一样；选址错了，不但缺乏客流量，还容易让我们的创业陷入进退两难的地步。

接下来就让 ChatGPT 为我们提供一些选址建议吧。

▶ 第一次交流：寻求中式摄影馆选址建议

提问关键词：提供背景 + 创业方向 + 选址建议

这两年中式风特别火，我有个朋友开了一家书法咖啡店，生意火爆。我想在二线城市开一家中式风格的摄影馆，请问在选址上你能给我一些建议吗？

如果您想开一家中式风格的摄影馆，选址是非常重要的环节。以下是几个需要注意的方面。

1. 交通便捷程度。所选地点最好是交通比较方便的地方，有地铁或者公交车站点，周边交通不是太拥堵。

193

2. 附近的人流量。商场、步行街、旅游景点或者大型社区等人流比较密集的地方会更有利于吸引顾客。

3. 拍摄背景的选择。应该关注周边环境是否优美，以及区域内的建筑风格、文化氛围等。同时，还需留意是否存在可能影响拍摄效果的因素（如嘈杂的环境、视野不够开阔等）。

4. 租金和人力成本。在选址时，也需要考虑到目标人群消费能力和市场需求，对周边市场的情况做出合理评估，以确定适中的租金成本，同时考虑人力成本（如人员工资、装修等费用）。

5. 营业许可证。在选址之前应该了解当地政府对于开设摄影馆的规定，申请营业许可证，做到合法经营。

6. 安全问题。要确保选址地点没有安全问题，例如，水电路等基础设施是否完备，是否具备消防或者其他保障。

以上这些因素需要一一权衡、筛选后进行综合评估。选址适当，便占有了"地利"优势，生意才会兴旺。

有些朋友可能考虑到了客流量，但是容易遗漏地方规定的问题，ChatGPT 可以帮我们更全面地考虑问题。

▶ 第二次交流：提升人气建议

提问关键词：提供背景 + 痛点描述 + 提升人气

 如果我只能找到一个人流量不是很大，但是租金较为便宜、交通也方便的地点，该如何去提升人气呢?

如果选址的议价优势很大，但是人流不是很旺，那么可以通过以下措施去提高人气。

1. 丰富的摄影场景设置：通过有特色、独具匠心的背景设计和布景来吸引顾客。例如，将店面布置成古典风格，给人以深刻的印象。

2. 个性化服务：提供更加贴心、周到的个性化服务，如推荐最佳拍摄时间、提供辅助拍摄工具等，更好地提升消费者体验，从而增强他们对品牌的忠诚度。

3. 线上推广：通过微博、微信公众号等渠道推送优质内容，扩大宣传效果。

4. 参与一些行业交流活动：观看展会或与同行业的摄影爱好者进行分享与交流，

扩大品牌影响力，同时建立行业联系，促进业务发展。

5. 提供折扣或活动奖励：针对目标消费群体设定促销方案，如会员优惠、客户反馈奖励、活动抽奖等，为忠实客户提供积极的激励和回报。

通过对以上方式的灵活运用，可以解决人流不是很旺的问题。

创业的道路不是一帆风顺的，充满了各种不确定性和风险。当我们不知道如何决策时，ChatGPT 就是我们最好的军师。

9.4 装修建议

实体店装修是一件颇费脑筋的事情，不仅要考虑人工与成本，还要结合产品的特点，让顾客看到环境就被吸引。因此如何用最低的预算装修出最好的效果，是创业者的必做功课之一。

ChatGPT 有着丰富的装修创意，相信可以成为你创业路上的左膀右臂。

还是以前文的中式摄影馆为例，当我们选好了地址，面对一个空空如也的房子，如何把它变成一个美轮美奂的店铺，吸引路过的客户进店消费，让在网上看到店铺图片的朋友也愿意过来拍照呢？现在我们让 ChatGPT 给出全套方案吧。

▶ 第一次交流：寻求中式摄影馆装修与布置建议

提问关键词：赋予专业身份 + 装修布置 + 全套方案

 假设你现在是一名专业的装修设计师，你认为中式摄影馆该如何布置与装修？可以给我全套方案吗？

 中式摄影馆装修设计方案可以从以下几个方面考虑。

1. 空间规划

(1) 馆内需要分为拍照区、沙发区和休息区，便于客人休息等待和放松心情。

(2) 合理设计各区域的空间比例，根据场地大小和消费者使用频率合理分配不同功能区域的面积。

2. 色彩搭配

(1) 拍摄区可使用米色或浅蓝色作为主色调，再用黄色或深红色做点缀。

(2) 在沙发区采用豪华的紫色、红色或金色等颜色，营造出富有气质和舒适感的环境。

3. 灯光设计

(1) 营造出明暗相间的空间氛围，使环境更加优美，摄影背景更能凸显拍摄主题。

(2) 采用中式灯具作为拍照区域的装饰，可以营造氛围，并更好地将整个空间与中式元素融合在一起。

4. 声音设计

采用中国传统音乐、中式古典音乐等作为背景音乐，提供多层次的听觉体验。

5. 功能分区细节

(1) 休息区铺设带有中国传统文化元素的窗帘，同时安排桌椅、插座、冰水等，方便消费者休息和使用电子设备。

(2) 摆放古典书籍、中式蒲扇、剪纸、古玩、古钱币、中国结等装饰，数量与颜色不要过多，不能过于浮夸。

通过 ChatGPT 细致的介绍，我们就知道该从哪些方面对房子装修进行规划，以便设计出更好的装修图，也可以拿着这份装修方案与设计师探讨，最终获得自己满意的装修效果。

▶ 第二次交流：寻求融合书法元素的建议

提问关键词：提供例子 + 具体元素 + 达到效果

 现在很多中式咖啡厅都在使用书法元素营造氛围，请问中式摄影馆如何利用书法元素来提升空间美学的魅力，吸引更多客户来打卡呢？

 中式摄影馆如果想要利用书法元素来提升空间美学的魅力，并吸引更多客户来打卡，可以从以下几个方面入手。

1. 书法作品展示：选取一些艺术价值较高的名家书法作品，在中式摄影馆内进行展示。这不仅可以增强摄影馆的文化气息，还可以吸引更多的艺术爱好者前来参观。

2. 艺术创意展示：将一些设计独特、结构丰富、造型别致的书法创意应用到中式摄影馆的装修中，是另一种提升空间美学魅力的方法。例如，可以使用书法生成器制作创意性文字并制作成书法卷轴主体字装饰品，展示在拍摄区或者休闲区墙面上。

3. 书法活动推广：在中式摄影馆内定期举办一些与书法相关的活动，如书法讲座、书法体验课、展览等，可以吸引更多有相同爱好的客户前来参与。

通过以上几种方式来打造一个充满中式文化气息、融合了书法元素的空间，不仅可以提升摄影馆空间的美学魅力，还可以吸引更多有相应爱好的客户前来光顾。

总的来说，这几点建议还算实用，比较有启发性的是第三点：组织一些书法活动来提升店铺的人气，传播中式美学，让消费者获得沉浸式体验。

那么，除了书法，还有哪些比较有创意的玩法？一起来考考 ChatGPT。

▶ 第三次交流：寻求国潮创意元素建议

提问关键词：创意元素 + 突出效果

 请问还有其他的创意元素吗？突出中式国潮文化即可。

 除了书法元素，中式摄影馆可以使用其他创意元素来突出中式国潮文化。

1. 国画元素：在中式摄影馆的室内空间融入一些国画元素，如山水画、花鸟画等，可以营造出浓郁的中国传统文化氛围。

2. 古筝音乐：在中式摄影馆的室内播放一些古筝音乐，不仅可以使整个空间更具中国风格，还可以给客户带来愉悦感。

3. 民俗服装：提供一些中国传统的服装、头饰或道具，如汉服、草编帽等，不仅可以为客户提供更好的拍照体验，还可以让他们更好地接触和了解中国传统文化。

4. 中式家具布置：在中式摄影馆内使用一些中式家具，如屏风、八仙桌、紫檀木椅等，不仅可以增加美感，还可以丰富空间的层次感。

5. 节日主题活动：推出一些与中国传统节日相关的主题活动，如中秋节、春节等，可以吸引更多客户前来参与，体验中国传统文化的魅力。

通过以上设计方案，中式摄影馆不仅可以突出中式国潮文化，还可以提供给客户更好的拍照体验和文化交流机会。

9.5 营销策略

作为创业者，我们总是希望策划一个成功的营销方案，但是现实往往事与愿违，很多时候越是挖空心思，越是很难想到好的创意。如果我们把策划工作交给ChatGPT，就不用担心没思路了。

前文提到，中式摄影馆已经进入装修阶段，接下来就要面向市场进行精准营销了。这时候，ChatGPT 能否为我们提供些推广策略呢？

▶ 第一次交流：寻求中式摄影馆具体的推广建议

提问关键词：提出诉求 + 具体场景 + 策划推广建议

> 如果我希望把这家中式摄影馆作为一个团队聚会与拍摄照片的地方，和其他创业者进行合作，请问我如何展开策划推广工作呢？

如果您希望把中式摄影馆作为一个对外合作的拍摄地，可以从以下几个方面来策划推广工作。

1. 确定特色亮点：中式摄影馆以中国风为主题，围绕这一主题，可以打造出许多独特的道具和拍摄场景。您可以挑选出其中的亮点元素，突出其特色和卖点，在宣传中进行强调。例如，独具一格的摆设布局，颜值爆表的服饰搭配等。

2. 设置多样的产品方案：针对不同的客户需求，推出不同的产品方案，如婚纱照、家庭照、商业拍摄等。在价格、服务、取景时间等方面进行精细化的规划和设计，让客户感受到专业、贴心和个性化的服务。

3. 多渠道宣传：通过社交媒体、地方平台推广、口碑传播等方式来宣传，突出其特色和卖点，吸引更多的目标客户关注和了解。

4. 拓展合作渠道：除了宣传推广，与其他相关行业的企业建立合作关系也是非常重要的。可以考虑与婚庆公司、房产中介、旅游公司等合作。

5. 优化用户体验：让客户在中式摄影馆得到的不仅仅是照片，更是美的享受，可以在优化拍摄流程、加强沟通反馈、提升服务品质等方面下功夫，为客户创造更大的价值，从而增强口碑效应和复购率。

通过 ChatGPT 的提示，我们知道了如何开展推广工作，而针对特定人群推出具体产品套餐，也是非常重要的一环。现在我们就让 ChatGPT 给出一个更细致的方案。

▶ 第二次交流：推出产品套餐

提问关键词：特定人群 + 产品套餐 + 内容要求

面向团体客户，中式摄影馆可以推出哪些具体的产品套餐？包括服务内容和定价范围。

以下是我为您制订的一个面向团体客户的产品套餐方案。

1. 服务内容

－ 拍摄类型：适用于家庭、朋友、同事等小团体，可以选择家庭照、闺密照、团队合影等。

－ 拍摄主题：根据客户需求，可提供多种主题拍摄，如自然风光、城市街头、温馨室内等。

－ 拍摄时间：根据客户需求安排相应的拍摄时间，并充分利用时间进行多角度拍摄，捕捉珍贵瞬间。

2. 价值与服务

－ 专业团队：配备经验丰富的摄影师和化妆师，确保拍摄效果和妆容的完美呈现。

－ 个性化造型设计：根据团队的需求提供个性化的服装和造型设计，打造独特的视觉形象。

－ 提供道具和场景布置：根据主题和风格，提供符合需求的道具和场景布置，增强拍摄的趣味性和艺术性。

－ 后期处理：对拍摄的照片进行后期精修，确保照片质量和效果，提供高质量的成品照片。

－ 数字版照片及相册：提供数字版照片和精美相册，便于客户保存和分享照片。

3. 价格策略

－ 根据拍摄类型、时间和服务内容确定不同档次的套餐价格，在保证利润的同时，合理定价以吸引客户。

－ 可考虑提供不同规模、不同服务标准的套餐，如基础套餐、高级套餐和定制套餐，根据客户需求进行定价。

－ 灵活的价格调整策略，可根据市场需求、季节性变化等情况提供促销、折扣或增值服务。

有了ChatGPT的提示，我们可以快速确定套餐的内容，接下来让ChatGPT帮我们提供差异化营销方案，尽快让店里的生意步入正轨。

▶ 第三次交流：提供差异化营销方案

提问关键词：差异化 + 营销方案 + 店铺类型

 请问可以帮我提供差异化营销方案吗？要求适合中式摄影馆。

 当然可以！对于中式摄影馆，我们可以提供一些差异化的营销方案来吸引更多的目标客户。

1. 突出中式文化元素：中式摄影馆与其他摄影馆的区别在于它强调中式风格和传统文化。因此，我们可以通过营销活动突出中式文化元素，如举办传统节日主题的摄影展览，提供中式服饰和道具供客人使用等，从而吸引喜欢中式文化的顾客。

2. 开设特色摄影课程：除了提供普通的拍摄服务外，中式摄影馆可以开设特色摄影课程，教授摄影技巧。这样不仅能够吸引摄影爱好者前来学习，还能扩大摄影馆影响力，提高品牌知名度。

3. 举办主题活动：定期举办各种主题活动，如中式婚纱摄影展览、中式古典风格摄影大赛等，吸引摄影爱好者和潜在客户参与。这些活动不仅可以增加品牌曝光度，还能通过评选获奖作品等方式提升摄影师的知名度。

4. 利用社交媒体营销：在各大社交媒体平台上建立中式摄影馆的官方账号，发布具有中式特色的摄影作品、摄影技巧分享和与中式摄影相关的文化知识等内容。通过精心策划的社交媒体营销活动，吸引更多的粉丝关注并将其转化为潜在客户。

5. 与旅游景点合作：中式摄影馆可以与附近的旅游景点进行合作，提供优惠套餐或联合推广。例如，在旅游景点附近设立展示区，吸引游客前来体验中式摄影，或提供旅游景点与摄影馆的联合门票，增加客流量和品牌曝光度。

以上是针对中式摄影馆的差异化营销方案建议，希望对您有所帮助！如需进一步的合作或有其他问题，请随时告诉我。

对于创业者来说，开一家店铺并不难，难的是开业之后如何优化店里的活动。如果没有这些富有创意的想法，装修得再好看的店铺也迟早会变成空壳子，逐渐走向人气凋零。善用ChatGPT来为自己的创业之路出谋划策，不失为上上之选。

9.6 线上推广

上一节我们讲的是线下推广，这一节我们就来说说如何结合 ChatGPT 开展线上推广，让我们的店铺在线上线下都能获得不错的影响力。

还是以中式摄影馆为例，我们一起来了解一下如何用 ChatGPT 策划线上推广。

▶ 第一次交流：策划线上宣传的文案

提问关键词：店铺类型 + 线上平台 + 店铺宣传 + 策划文案 + 思路参考

以中式摄影馆为例，如果我要通过小红书、抖音等媒体平台来进行宣传，请问该如何策划文案呢？能否给我一些思路参考？

如果您想使用小红书、抖音等媒体平台来进行店铺宣传，这里提供一些文案策划的思路，供您参考。

1. 明确传播目标

在进行店铺宣传前，需要明确传播目标，如增加店铺的知名度、提升店铺销售量等。针对不同的目标，策划方案和文案风格也应该有所差异。

2. 突出店铺的特色

宣传文案应该强调店铺与众不同的特色和优势。例如，店铺具有独特的摄影技术或者创意造型等。通过突出特色，可以吸引潜在的客户，提高店铺的知名度。

3. 挖掘店铺的故事

故事能够触动人心，可以帮助店铺赢得用户忠诚度。因此，策划中式摄影馆的文案时，可以从门店背后的故事入手，让消费者深入了解店铺的故事，从而建立品牌和消费者之间的情感联系。

4. 使用趣味性的语言

在具体的文案中，建议采用生动、有趣的语言，让文案有吸引眼球的新点子或有趣的互动内容。可以尝试通过关注平台的热门话题、与其他品牌进行合作、参与社区活动等，进一步增强文案的互动性和传播效果。

5. 充分利用小红书、抖音等媒体特点

在策划文案时，应当结合不同平台的用户特点和内容推送机制，选择适合的内容

形式和文案。例如，在小红书上，用户喜欢看到富有情感的故事分享，而抖音用户则偏爱轻松幽默、生活感十足的内容。这些差异需要被考虑到文案策划中去。

总之，要明确传播目标，突出店铺的特色，挖掘店铺的故事，使用趣味性的语言，充分利用小红书、抖音等媒体特点，才能策划出符合目标受众需求的精彩文案。

ChatGPT 帮我们总结了宣传目标和媒体平台的特点，帮助我们把线上线下的内容融到一起，这样我们就知道如何找到突破口。

▶ 第二次交流：写出线上宣传的首条文案

提问关键词：线上宣传 + 首条文案 + 撰写主题

好的，那么我要在自媒体平台宣传店铺，请问第一条文案应该怎么写？主题是我为什么要开摄影馆。

 当然可以。以下是一些参考文案，将关注点集中在您作为创始人开设这家摄影馆的原因上。

1. 摄影艺术与传统文化的融合。在这个被高科技和快节奏驱动的社会中，我发现人们渴望与传统文化水乳交融，欣赏自然之美和有深度的文化产品，这促使我不断深入探索拍摄艺术与中国传统文化的结合，使人们感受到生活的美好。

2. 发掘摄影的无限魅力——这是我的初衷。我从小就喜欢摄影，渴望能够发现永恒的艺术和独特的灵感来源，这也是引导我开这家独特的中式摄影馆的原因。在这里，摄影艺术与中国文化相互融合，让我们领略到艺术和文化融合的魅力！

3. 我从未停止追求新意，更希望能够让大众感受到优雅的摄影艺术。追求新意和探寻中式文化将是一场创造性的冒险，在创业过程中，我充分发挥自己独特的才智、魅力与领导力，让中式摄影馆成为一座集艺术、人文、自然于一体的艺术殿堂。

在以上文案中，您可以总结您的开业理由，调整您的经营策略，并表达出您作为中式摄影馆创始人的个人特质和使命感。如果您想要打造一个创新、开放、有文化底蕴的品牌，我们将为您提供解决方案！

现如今，企业之间的竞争不只是产品之间的竞争，还是创业者之间的竞争，个人品牌正在拉开你和同行之间的距离，很多创业者选择从幕后走到台前，积极宣传自己的创业故事和个人品牌，从而带动店铺的销量。

ChatGPT 可以帮我们编写创业者的故事，就算是不擅长文案写作的朋友，也可以组织好语言，理顺逻辑，成功写出自己的第一条文案。

▶ 第三次交流：自媒体平台的推广建议

提问关键词：店铺类型 + 自媒体推广建议 + 要求

 给我一些中式摄影馆的自媒体推广具体建议，要求在一个月内帮我涨粉1000并转化精准客户。

 针对中式摄影馆的自媒体推广，以下是一些推广建议，可以帮您在一个月内涨粉1000个并快速转化精准客户。

1. 确定目标受众：要想有效推广，需要先明确目标受众是什么样的人群。在这个过程中，可以考虑摄影馆的风格、服务定位、目标市场等因素，然后把目标人群限定在相关领域内。

2. 创作高质量的内容：内容是关键，需要创作出高质量的原创内容来吸引粉丝。摄影馆可以分享自己的作品集，讲述作品背后的故事，还可以考虑发布与摄影有关的小知识和技巧分享等。

3. 内容和平台定制：为了使传播更加精准，需在不同的平台发布不同类型的内容，符合不同用户的阅读和消费习惯，增进互动，吸引用户关注。

4. 适度投放广告：不要只依赖自然流量，需要适当投放广告，在吸引目标用户的同时，提升品牌曝光率。

5. 充分利用社交媒体：充分利用微博、微信公众号、抖音、小红书等社交媒体平台，积极和粉丝互动、回复评论。

6. 提供优惠活动：提供丰厚的新人福利，让更多关注摄影的用户选择你们。

7. 推出专业的摄影课程：爆文固然是好的，但要想深化受众对你们的了解，推出专业的摄影课程尤为重要。

这些都是提高中式摄影馆自媒体推广效果的建议，可以快速扩大品牌影响力，吸引大量的潜在客户并促进转化。

ChatGPT给出的这些策略既全面又具体，我们可以根据自身的情况进行相应的选择。

▶ 第四次交流：寻求内容创作建议

提问关键词：内容创作建议 + 摄影内容推荐

 面向线上媒体，请问我该如何创作内容？目前有什么摄影内容是比较吃香的呢？

中式摄影馆的内容创作建议如下。

1. 确定目标受众，了解他们的需求和兴趣点，从而帮助你创作出更有价值、更贴近目标客户需求的内容。

2. 分享优质的摄影作品，可以分享你们拍摄的精美中式摄影作品和相关摄影技巧。同时，可以在作品中突出展示摄影馆的特色、风格和专业水准，提升品牌知名度。

3. 创作实用的摄影教程。结合摄影馆的特色，选择一些贴合目标客群需求的教程。

4. 挖掘摄影作品背后的故事，可以让内容更加生动、独具特色和有深度，有助于展现摄影馆历史和特色文化等，形成独特的品牌形象。

5. 与用户互动，收集反馈和建议。推出针对性强的问答、咨询、讨论活动，为用户提供有针对性的解答，促进与用户的深度互动。

以下是一些目前比较热门的摄影内容。

1. 古风摄影：以古代服装、建筑等元素为主要背景的人物摄影，在年轻人中比较受欢迎。

2. 旅行摄影：中国自然风光秀丽多样，泰山、黄山、漓江等都可以展现中国景色的壮美。在拍摄时可注重捕捉山水之间的和谐或，以展现中式山水画般的意境。

3. 历史文化摄影：许多年轻人对历史文化颇有兴趣。历史和民俗收藏品在中式摄影中的应用将引发他们对传统文化与民族文化的持续讨论。

以上是几种比较受欢迎的内容，你可以在这些方面进行探索，以吸引更多用户的关注。同时，还需关注更多热门话题，更好地把握市场动向和用户需求。

从 ChatGPT 的建议，我们可以看出，线上和线下是密不可分的，线上内容的产出，同样需要线下场景的拍摄和创意做支撑；而对于线下的引流，线上推广起到举足轻重的作用。因此我们在运营一家店铺时需要具有全局视角。

10

ChatGPT 是教育培训的好老师

近年来，我国的教育培训行业发展日趋成熟，无论是儿童素质教育还是成年人培训，都处于一个非常"卷"的状态。

而这些爆发式的需求，也对教育从业者提出越来越高的要求，若说以前只要将传统的教学模式做好，便有一定的生存空间，那么在互联网时代，线上 + 线下一体化的应用场景将成为一种新趋势。如何更好地推广教育品牌，扩展线上市场，对每个教育行业从业者而言都是一个严峻的考验。

面对市场提出的新需求与新挑战，AI 的发展也将引领新趋势，帮助每个教育行业从业者更好地拥抱变化与挑战。

本章我们将一起学习如何通过 ChatGPT 解决招生、客服服务、活动策划、节日营销、课件定制等问题。

ChatGPT

10.1 写作课招生文案

招生文案是教育行业推广营销的一个重要环节。如何写出打动人心的文案，更好地满足用户需求，是很多人头痛的问题。很多企业会选择招个文案编辑，或者外包给专业的写手，一年下来，这部分的开销想必不少。

而如今 ChatGPT 就可以解决这个问题，它不仅可以帮企业量身定做文案，而且大大缩减了时间成本和经济成本，可谓是创业者的得力助理。

我们来代入一个场景：现在你是一位写作课导师，马上要推出一个写作课，但是最近事情太多了，实在没时间好好琢磨一篇招生文案，因此需要 ChatGPT 尽快帮你写一个初稿。ChatGPT 到底能不能帮你搞定这个任务呢？我们一起来试一下！

▶ 第一次交流：撰写写作课招生文案

提问关键词：交代主题 + 具体要求 + 课程介绍 + 目标人群

> 你好，麻烦帮我写一篇写作课招生文案，要求文笔老辣沉稳，课程有八节课，分为三部分，第一部分：我为什么要推出这样一个课程；第二部分：学完可以获得什么；第三部分：适合什么人群学习。字数在 1000 字左右。

> 尊敬的写作爱好者们，你们是否曾经遇到过写作难题？是否曾经经历过思路枯竭、无从下笔的困扰？现代社会奔波忙碌，让写作变得越发困难。所以，为了提升大家的写作水平，我将特别开设 8 节写作课程。
>
> **第一部分：我为什么要开设这样一个课程？**
> 写作不仅是传递信息的方式，更是展示个人思想和风格的窗口。现代人对写作的需求日益增长，无论是在工作中还是生活中，写作都扮演着重要的角色。我精心研究、总结了多年写作经验，借此机会开设这一课程，愿与大家分享我的经验和技巧，帮助大家掌握高效的写作方法，提升自我价值。
>
> **第二部分：学完可以获得什么？**
> 通过这门写作课程，您将掌握以下内容。
> 1. 如何从大量信息中汲取灵感，快速搭建写作大纲。
> 2. 如何写出言简意赅、结构清晰的文章，让读者易于理解。
> 3. 如何运用不同的文体写作，掌握不同风格的写作技巧。

4. 如何在写不熟悉领域的内容时，通过周密的调研和适当的借鉴，进行沉浸式自学和批判性思考。

5. 如何优化写作流程，提高写作效率和质量。

这些专业的指导，能够大大提升您的写作实力，无论是有意识地通过写作改变自己的认知，还是重组自己的思维体系，这门课程都会对您产生积极的影响。

第三部分：适合什么人群学习？

无论您是职场人士、学生、自由职业者还是其他领域的专家，如果您想提高自己的写作水平、社交能力、表达能力、批判思维和创意想象力，那么一定要选择这门课程！让我们一起在写作路上前进，达到更高的目标。

在这门课程中，我将与大家共同探索日常写作最佳实践，认真总结职场写作的经验，让大家融会贯通写作的技巧。希望这门课程能解决您在写作上遇到的烦恼和困惑。

ChatGPT 给出的文案逻辑清晰，可以给我们提供一个范文框架，我们在这个基础上去打磨内容即可。

注意，我们在要求 ChatGPT 撰写文案时，要把构思说清楚，而不是直接让它写，否则 ChatGPT 提供的内容和你要的可能相差十万八千里。你的要求越具体，ChatGPT 越容易写出符合需求的内容。

招生文案有了，但长篇大论的文字很难引起别人的注意，因此我们可以制作一张招生海报，进行视觉化宣传。

▶ 第二次交流：提炼文案用于制作海报

提问关键词：设计海报 + 提炼上文 + 字数要求

> 现在我要设计一份写作课的招生海报，可以将上文内容提炼成 100 字的精简文案吗？

> 提升写作水平，展示个人思想和风格。掌握高效的写作方法，提升自我价值。八节写作课程，助力写作者汲取灵感、精简结构、写好不同文体内容、进行周密调研、优化写作流程，适合职场人士、学生、自由职业者及其他领域专家。加入我们，让我们一起在写作路上前进。

招生海报的重点，在于把课程精华和适合人群展示出来，帮助潜在客户获取信息。ChatGPT 提炼了课程内容、适用人群和课程价值，基本满足了课程海报的需求，我们只需要把这部分文字修改后填充到海报模板，便可快速生成一张招生海报。

▶ 第三次交流：搭配朋友圈文案

提问关键词：结合海报搭配文案 + 语言风格 + 字数范围

可以帮上文的海报搭配一段朋友圈推广文案吗？要求语言严谨又不失生动活泼，字数在 200 字内。

 当你看到优秀的文章时，是否也曾羡慕过他们的文字功底？现在机会来了！我们为您带来八节高效写作课程，让您掌握撰写文章的方法和技巧，展示个人思想和风格。课程涵盖如何汲取灵感、不同文体写作技巧、如何进行周密调研、如何优化写作流程等技巧，适合职场人士、自由职业者、学生和其他领域的专家学习。无论您是想提高写作水平，还是通过写作实现职场跃迁，都可以在这里达成目标。让我们一起走上写作之路吧！

开头以提问的方式直指客户的写作痛点，然后给出解决方案，罗列课程的优点与适用人群，精准指出需求场景，最后一句有力地给出行动指令，这是标准的推广文案写作格式。

10.2 24 小时智能客服

在教育工作中，用户经常会遇到各种各样的问题，比如课程怎么购买，会员怎么加入，买了课程怎么学习等。很多课程并不是一锤子买卖，往往伴随着长期的服务，及时的导购和售后不仅可以提升服务质量与客户满意度，还能带来更多的业务量，因此客服的角色也是非常关键的。

这个角色不能机械化地回答用户的问题，而是通过深入交流为用户提供问题的解决方案。而在这点上，人类的服务未必及得上 AI。一方面人类是情绪化动物，很多问题的处理并不像机器那样理性；另一方面人类需要休息和娱乐，和 24 小时都能工作的机器相比，响应速度和工作时长未必占优势。更重要的是，AI 是根据大量的信息库进行深度学习和训练而成，给到的回复可能更专业。

基于此，越来越多的企业引入智能客服，给用户带来更好的服务体验，提升公司口碑的同时，也大大缩减了成本。

本节内容，我们一起来了解一下 ChatGPT 如何胜任客服工作，提升服务质量与公司口碑。

客服是跟客户打交道的工作，每天要应对无数客户的提问，满足他们的个性化需求，偶尔还会因为回复不及时收到客户的投诉。那如果由 ChatGPT 担任客服，它会如何表现呢？它能否像人类一样真正为客户解决问题？

不如由我们扮演客户的角色，ChatGPT 扮演客服，我们来和 ChatGPT 进行一对一的交流。假设你是一个孩子的家长，趁着假期你希望送孩子尝试一下兴趣班，最近你联系上了一家陶艺机构，想和客服了解一下兴趣班的情况，看看哪门课程比较适合小孩。

▶ 第一次交流：扮演客服向客户介绍课程

提问关键词：赋予身份 + 课程内容 + 家长需求 + 介绍课程

假设你现在是一家艺术培训公司的客服，你们公司的课程包括陶艺、绘画、书法、乐高等。我是一名家长，现在想给孩子选报一门合适的课程，请问你能简单介绍一下这几种课程的区别吗？不同课程分别适合什么样的小朋友学习？分别能培养什么能力？

当然可以。下面我就介绍一下我们公司提供的几种课程的区别、适合什么样的小朋友学习以及能培养什么样的能力。

1. 陶艺课程：主要是让小朋友了解陶艺的基本技巧和制作过程。通过做手工，锻炼小朋友的动手能力和耐心，培养小朋友对形状、空间的认识能力。适合 6 岁以上的小朋友。

2. 绘画课程：主要是让小朋友了解绘画的基本技巧和色彩搭配方法。通过创作，锻炼小朋友的创意思维，激发小朋友的想象力，培养其审美能力。适合 4 岁以上的小朋友。

3. 书法课程：主要是让小朋友了解汉字的基本构造和用笔技巧。通过练字，提升小朋友的写字能力，培养小朋友的耐性。适合 7 岁以上的小朋友。

4. 乐高课程：主要是让小朋友使用乐高积木，自由拼装各种模型，以锻炼小朋友的空间想象力和创造力，提高小朋友的动手能力和逻辑思维能力。适合 4 岁以上的小朋友。

以上是对几种课程的简单介绍，您可以根据小朋友自身的兴趣和性格特点选择最合适的课程，帮助他们全面发展。

ChatGPT 把不同的课程内容与能力培养都介绍得十分清楚，语言简明扼要，逻辑清晰，富有条理，可以很好地解决客户的问题。

这种大众化的提问，可以有标准回答，ChatGPT 回答起来没有难度。那么，如果是客户的个性化需求呢？假设家里的小朋友性格比较安静，你希望通过兴趣班锻炼他的社交能力与团队合作意识，同时认识一些新朋友，这时候怎么选择课程呢？

▶ 第二次交流：提供个性化的课程介绍

提问关键词：人物信息 + 交代需求 + 课程选择

> 我的孩子今年 6 岁，性格比较安静，平时喜欢一个人待在房间里，我想让他变得活泼一些，同时提升他的团队合作意识，请问学习哪门课程比较合适呢？

> 根据您所描述的情况，我认为让孩子学习陶艺课程可能比较适合。
>
> 首先，学习陶艺需要一定的耐性和细心，能够锻炼孩子的动手能力和专注力，这对安静的孩子来说可能更容易接受。
>
> 其次，制作陶艺需要使用工具和材料，不可避免地需要师生之间进行互动和沟通，可以锻炼孩子与他人交往的社交技能。
>
> 最后，陶艺是一门富有创意和想象力的课程，孩子可以在学习的过程中发挥自己的想象力和创造力，增强孩子的自信心和自主学习能力。
>
> 总之，让孩子学习陶艺课程可以提升孩子的综合素质，增强社交能力，同时也有利于孩子的个性发展。

ChatGPT 的回答体现了灵活性和人性化的一面，面对一个安静、不爱社交的孩子，它考虑到了儿童的需求和实际情况，推荐了更容易被接受的陶艺课。其次，它点明了陶艺课需要合作与互动，而且是在顺其自然的情况下进行的，不需要小孩刻意做出改变，可以在不经意间培养孩子的社交能力和团队合作意识。最后，它还提出了陶艺课的附加价值，可以开发小孩的想象力、创造力，增强孩子的自信心和自主学习能力，是一门具备综合价值的课程。总体来说，陶艺就是一门值得家长选择的课程，回报远远超乎家长的想象。

我们平时遇到的人工客服，是否可以做到全方位地贴合家长和孩子的需求去回答问题？我想很难，至少在很短时间内，很难给出这么细致且全面的回答。

当家长对课程产生兴趣后，接下来她肯定还有问题，比如要学习多久，费用多少。接下来，我们继续和 ChatGPT 进行交流。

▶ 第三次交流：继续了解课程

提问关键词：零基础入门 + 学习周期 + 费用多少

> 感谢你的建议，请问零基础入门的话，陶艺课需要学习多久？费用是多少？

一般来说，初学者建议选择入门班或基础班，学习周期通常为 1~3 个月，具体学习时间可以根据孩子的学习情况灵活调整。如果孩子想要进一步提高技能，可以再选择更高级别的课程。

　　关于费用问题，也因地区和机构而异。一般而言，陶艺课程的费用主要包括教材费和教学费用两个方面。学校的陶艺选修课一般每次收费 20 元 ~50 元，短期培训课程每节 200 元左右，长期课程每节 150 元左右，还有一些高端课程会更贵。

　　建议先从零基础课程学起，逐渐提升，以便让孩子更好地适应课堂。

　　ChatGPT 介绍了初学者的学习周期，并且说明可以自由选择时间。同时介绍了各个级别课程的收费标准。这样公开透明的回答，相信可以让家长放心选择。

▶ 第四次交流：解答体验课咨询

提问关键词：体验课

　　请问有没有体验课让我们体验一下，届时再来报名正式课程可以吗？

　　陶艺工作室和培训机构会提供体验课程，让学生了解陶艺技术和器材，并尝试自己动手制作小件陶艺作品，您可以在网络平台查看陶艺体验课的详细信息，预约参加课程，如果觉得满意再报名参加正式的课程。

　　请注意，陶艺的制作过程需要使用烧制炉等重要设备，因此要在安全条件下进行。建议您在参加体验课程前，事先了解相关安全措施并遵守工作室规定。

　　ChatGPT 非常耐心地解答了客户的咨询，并且把报名体验课的步骤做了介绍，还给了注意安全的温馨提示。面对这样一位客服，想必大部分来咨询的客户都会给出好评，转化率也会提升许多。

　　面对琳琅满目的课程，许多用户都会无从下手，这时候客服就扮演导购员的角色，帮助用户解决问题，给到用户较为完美的体验，提升客户对品牌的好感度。

　　总的来说，ChatGPT 的表达逻辑和人类客服相比并无明显区别，但是在回复速度和质量上面，可能比人类客服表现得更加出色。

10.3 活动策划

为了加强用户对课程的理解，提高用户黏性，不少教育行业都会定期举行各种活动。

例如，花艺培训机构会举行"女神节"插花活动，红酒培训公司会组织节日品鉴会，艺术画室会举办母亲节亲子活动等。这些活动可以给企业和机构带来更多的宣传素材，提升用户的好评度与参与感，对于拉新、促活、留存、复购都能起到一定的作用。

组织一次活动看似简单，但是背后的工作琐碎复杂，小到甜品的采购、场地的选择，大到场景的布置、人员的筛选、创意策划与宣传，都需要耗费不少心力。这些工作往往需要一个团队的配合，而不是一个人就能完成的。

好在 ChatGPT 就像一个超级大脑，帮我们考虑到方方面面，促成一场活动的落地。

假设你现在是一家身心灵健康培训公司的合伙人，你想趁着中秋节做一期教育活动，但是想来想去并没有什么很有新意的活动。这时候，你希望从 ChatGPT 那获得一些灵感与启发，接下来和 ChatGPT 展开一次深度对话吧！

▶ 第一次交流：策划创意活动

提问关键词：赋予专家身份 + 公司背景 + 节日名称 + 策划创意活动

> 现在你是一个专业的活动策划顾问，我们是一家从事身心灵健康培训的公司，中秋节马上就要到了，请问面对客户我可以策划什么样的创意活动？

作为一家从事身心灵健康培训的公司，可以考虑以下几种符合中秋节主题的创意活动。

1. 月饼 DIY 活动：在活动现场设置一个 DIY 体验区域，为参与活动的客户提供各种原材料供他们自己制作月饼，让客户摆脱沉重的压力和日常的紧张情绪，放松心情享受中秋节的欢乐气氛。

2. 回归自然环保行动：中秋节是传统的农耕文化节日，可以表达对于人类与自然和谐共存的向往。可以组织团队到城市周围的自然风景区进行野餐或露营活动，与大自然亲密接触，给予客户身心灵启发。

3. 精神抚慰文化之旅：可以结合公司提供的咨询服务，设计一条国外文化旅行线路，让客户在异国他乡得到内心的放松与平静。

4. 诗与画分享会：为了弘扬中华民族传统文化，可组织客户参与文学创作与绘画教学分享会。活动现场可以安排专业的讲解者分享中华文化的精髓，引导大家表达自己对于中秋节的感受。

紧扣身心灵健康方向，ChatGPT 给出了四个活动方案，基本上都很贴近公司的背景，又与中秋主题相呼应。

我们可以从中选择一个活动来进行延伸，就拿月饼 DIY 活动做案例，让 ChatGPT 来帮我们把活动落地吧。

▶ 第二次交流：延伸具体的活动内容

提问关键词：活动主题 + 参与人数 + 采购清单 + 以表格方式输出

我认为月饼 DIY 的活动值得一试，参与人数 20 人左右，你可以帮我列出一份月饼 DIY 的采购清单，并且以表格的方式输出吗？

当然可以，以下是一份月饼 DIY 的物料采购清单。

序号	物料名称	采购数量（单位）	供应商	采购价格（元 / 单位）
1	糯米粉	10 kg	×××	18.8 元 / kg
2	绿豆沙	5 kg	×××	30 元 / kg
3	芝麻馅	2 kg	×××	80 元 / kg
4	咸蛋黄	20 个	×××	2.5 元 / 个
5	瓜子仁	1 kg	×××	25 元 / kg
6	白莲蓉	3 kg	×××	85 元 /kg
7	色拉油	2L	×××	16.9 元 /L
8	细砂糖	2.5 kg	×××	7.6 元 / kg
9	麻油	500mL	×××	23.9 元 / 瓶

注意，我们在要求 ChatGPT 提供采购清单时，最好提供参与人数信息，这样 ChatGPT 提供的采购数量才比较客观准确。但是实际的物料采购数量，还是需要我们结合实际情况进行调整，每一种材料可以比实际需要的多准备一些，以备不时之需。

采购清单搞定了，就需要考虑活动现场的布置了，ChatGPT 会有哪些奇思妙想呢？

▶ 第三次交流：寻求场地布置的具体建议

提问关键词：主题提示 + 场地布置 + 节日元素 + 具体建议

 月饼 DIY 主题活动的场地布置需要包括与中秋节相关的元素，您有什么具体建议呢？

 关于月饼 DIY 主题活动的场地布置安排，以下是一些中秋节相关的元素以及相应的建议。

1. 中秋节主题装饰：可用各种颜色的灯笼、花环，或者制作一些月亮摆件来营造出浓浓的中秋节气氛。当然，你也可以挂上"团圆""祈福"等主题标语，让大家感受喜庆的节日氛围。

2. 煮茶品茗：该活动与中国文化息息相关，不妨在现场准备几套茶具，让大家品尝中国传统名茶，增强亲切感。

3. 道具设计：可以准备一些小道具，比如短桌、蒲团、小凳子等，使参与者在 DIY 过程中更舒适自在。

4. 花瓣、水晶球、光束投影：通过特效增强现场的视觉效果，带来神秘奇幻的体验感。

5. 划分 DIY 手工制作区：可以将场地分成多个制作区域，根据不同食材准备相应的工具和材料，让参与者可以随意组合自己喜欢的饼皮、馅料，自己动手做不同口味的特色月饼。

6. 中秋游戏区：可以准备一些具有中秋节特色的游戏设施，比如骰子等，增强互动性和娱乐性，使活动更加丰富多彩。

好的场景布置可以烘托节日氛围，营造一种温馨的场景感，又和活动主题起到相辅相成的作用。ChatGPT 提供了不少道具和区域布置的建议，一定程度上可以提升场地的氛围感，给参与者留下温馨美好的回忆。

在活动中，老师怎么带动活动氛围也是至关重要的。老师作为这场活动的灵魂人物，自然要好好设计一下相关话术，最好融入文化氛围与故事元素，提升整场活动的体验感。

▶ 第四次交流：提供节日相关的历史故事或开场白话术

提问关键词：节日主题 + 历史故事 + 开场白话术

 感谢建议，如果活动当天我要分享一些和中秋节相关的内容，请提供一些和身心灵相关的历史故事或者开场白话术。

为中秋节活动引入一些和身心灵相关的历史故事或开场白话术，可以为整个活动增加更多的内涵。以下提供合适的历史故事或开场白话术给您参考。

1. 历史故事：传说在战国时期，齐国有一位丑女，名叫无盐，幼年虔诚拜月，长大后因为品行出众得以入宫。有一年中秋节，齐宣王在月光下看到无盐，忽然发现她的容貌在月光下显得尤为温柔好看，因而册封无盐为王后，此后拜月的习俗就这么流传下来了。

2. 开场白话术一

亲爱的朋友们，今日正值八月十五中秋佳节，这是一年中与家人和朋友团圆的时刻。为了让我们的中秋活动更加有意义，我们将开展一系列与身心灵相关的活动，希望通过这些活动，我们可以在相聚的喜悦中，更深刻地体验到心灵的满足与平静。

3. 开场白话术二

中秋节从古至今都是一个非常重要的节日，不仅是思念家乡与亲人的时刻，更是一个展示文化内涵、追寻心灵深处宁静的时刻。今晚，让我们一起品味月饼，在这宁静而美好的时刻发掘我们灵魂的闪光之处。

如果一上来就让大家一起 DIY 月饼，无论是从身心灵健康的公司背景来说，还是对客户来说，都会显得有些突兀，因此需要老师介绍中秋节的典故和传说，起到暖场作用，同时又能丰富这次活动的文化内涵，契合公司的定位。在话术上面，结合身心灵健康培训的定位设计开场白，自然而然地把身心灵和中秋节主题完美地结合起来，就不会显得生硬和唐突，可以给参与者心灵与美食的双重享受。

在活动策划中，ChatGPT 可以围绕方案策划、采购物料、活动布置、主持人话术提供一系列建议。这些都是活动中不可缺少且环环相扣的，至少需要三个人才能完成，而借助 ChatGPT，一个人就能在一个下午将其快速搞定。细算一下，可以节约多少人力和财力成本？

10.4 节日营销策划

对于教育行业而言，节日营销的重要性不言而喻。每逢节日很多商家都会花样百出地开展活动，毕竟节日是制造热点与话题的重要时刻。

而一年四季的节日那么多，每个节日都要设计和安排活动，还要做到不重样，脑洞再大也难免有灵感枯竭的时候，这时候怎么办呢？有了 ChatGPT，一个人就能搞定全年的节日营销！

假设你在一家陶艺培训机构工作，眼下需要策划新一年的营销方案。对此，你感到十分苦恼，绞尽脑汁写了几个活动，脑子里就一片空白，完全不知道怎么办。这时你打算向 ChatGPT 求助。

▶ 第一次交流：制订全年活动营销方案

提问关键词：赋予专家身份 + 公司背景 + 二十四节气 + 全年营销方案 + 表格输出

> 假设你是一位营销专家，我在一家陶艺培训机构工作，现在需要制定二十四节气的全年活动营销方案，请问你可以帮我构思吗？请以表格的形式进行输出。

节气	活动内容
立春	推出茶壶系列制作课程，提供健康生活方式
雨水	推出雨水节气主题制作课程，教授学员制作有趣的陶艺作品
惊蛰	推出惊蛰时节主题课程，制作春天或者与动物相关的陶艺作品
春分	举行春季作品陶艺展览
清明	推出陶艺笔筒和陶艺笔架制作教学
谷雨	推出谷雨市集展览，鼓励学员体验陶艺文化
立夏	推出立夏主题 DIY 课程，比如制作立夏主题的花瓶
小满	推出小满主题陶艺作品制作课程，如手工水杯或者陶艺炭火壶

节气	活动内容
芒种	推出芒种系列陶艺农具制作课程，寓教于乐，吸引学员
夏至	推出冰激凌杯的 DIY 教学活动，集赞送出陶艺小礼品
小暑	推出小暑节气盘子和夏日清凉雕塑的 DIY 教学活动
大暑	推出夏日清凉杯的 DIY 教学，为用户提供养生茶和解暑果汁
立秋	推出秋季主题的陶艺展览活动
处暑	推出以采摘为主题的陶艺制作活动，教授学员们用陶艺还原各种生活场景
白露	推出白露主题课程，如制作手工鸟笼
秋分	推出酒杯 DIY 教学，集赞送出陶艺小礼品
寒露	推出陶泥花灯活动，融入金菊花元素，打造中式陶艺之美
小雪	推出小雪主题的赏雪活动，并由某大厨带领做圣诞甜品，吸引陶艺爱好者

因篇幅原因，仅节选部分节气。

从表格可以看到，ChatGPT 根据每个节气的特性做了相关的活动策划。例如，惊蛰推出春天或者动物相关的陶艺活动，立夏开展陶艺花瓶制作活动。这些活动契合了节日与天气的变化，给用户带来了一定的新鲜感。

由于 ChatGPT 的回答字数有限，当回答出现中断时，可以用"继续"指令让它接着回答。

▶ 第二次交流：提炼全年营销活动方案模板

提问关键词：全年营销活动方案 + 注意事项 + 提炼模板

 确定全年营销活动方案时，请问需要注意什么？可以提炼一份模板给我吗？

 确定全年营销活动方案时，我们需要注意以下几个方面。

1. 目标设定：明确每个活动的营销目标，如增加客户数量，提高品牌知名度，促进销售增长等。

2. 目标受众：确定每个活动的目标受众群体，并了解他们的需求、兴趣和偏好，以便有针对性地设计和推广活动。

3. 活动内容：策划吸引目标受众的活动内容和形式，如展览、主题派对等，要与品牌定位相符。

4. 推广渠道：选择适合目标受众的推广渠道，包括社交媒体、线下宣传、合作推广等，以最大限度地扩大活动的影响力。

5. 时间安排：合理安排活动时间，避免与其他重要节日或竞争对手的活动冲突，确保目标受众能够有足够的时间参与活动。

6. 预算控制：确保营销活动的预算充足，同时合理规划资源的利用，避免超支和浪费。

7. 数据分析：在活动进行过程中和活动结束之后，利用数据分析工具跟踪和评估活动的效果，为后续决策提供参考依据。

你可以根据具体情况，填写每个活动对应的目标设定、目标受众、活动内容、推广渠道、时间安排、预算控制和数据分析等信息，从而更有针对性地展开全年的营销活动策划。

有了这份文档，我们就可以把它发送给相关的工作人员，方便对接工作，以后的策划活动也有了方向。

接下来，如果我们想要提升节日营销的策划能力，还可以结合 ChatGPT 打造一个案例库，方便部门之间进行文件共享。

▶ 第三次交流：打造营销案例库

提问关键词：列举案例 + 具备创意

 关于全年的节日营销，可以帮我列举一些有创意的案例吗？

 当然可以！下面是一些有创意的全年节日营销案例。

1. 情人节：某鲜花品牌推出了一个"表白大作战"活动，邀请用户通过在社交媒体平台发布表白视频，获得点赞最多的人可以免费获得一束精美的玫瑰花。

2. 圣诞节：某零售品牌在圣诞节期间举办了一个"寻找圣诞老人"活动，要求顾客在店内寻找隐藏的圣诞老人玩偶，成功找到并拍照上传至社交媒体后即可参与抽奖，赢取精美礼品。

3. 万圣节：某服装品牌设计了一款特别的限量版万圣节主题服装，购买该款服装的顾客有机会参加一场恐怖化装舞会，冠军将获得品牌设计师为其量身定制的一套万圣节服装。

4. 儿童节：某玩具品牌推出了一款支持创意玩法的新品玩具，并邀请家长和孩子一同参与线上比赛，创作故事和手工艺品，获奖者将有机会参观玩具工厂和获得专属礼品。

5. 元宵节：某餐厅推出了一款特色元宵节套餐，顾客品尝套餐后可在店内 DIY 元宵，并参与店内举办的"最佳元宵大赛"，赢取免费套餐或店内消费折扣券。

这些案例都注重用户参与度和创意性，通过与节日相关的活动和奖品吸引用户的注意，增加用户黏性。注意，以上案例仅供参考，具体的营销策略还需根据品牌定位、目标群体等因素进行调整和优化。

想要提升我们的营销能力，根本方法就是多看、多学、多思考，参考优质案例并学会举一反三，优化迭代出自己的方向。因此一个丰富的案例库是十分有必要的，这时候可以借助 ChatGPT 来收集案例，不断提升自己的专业能力。

10.5 个性化课件定制

在教育场景中，用户的需求呈现着千人千面的特点，一刀切的大众化课程，已经越来越难以满足用户的个性化需求。只有为用户打造出富有创意和独特性的课程和服务，教育行业从业者才能在行业的浪潮中保持领先地位，避免被同行击败。

ChatGPT 可以帮助我们设计个性化的课件内容，给我们一定的思路启发。本节我们将学习如何借助 ChatGPT 打造个性化的课件，赋予课堂独一无二的魅力。

假设你是一家咖啡店老板，在这个行业深耕了三年，线下的流量相对比较稳定，今年打算开拓线上业务，通过互联网开设咖啡培训课程，现在需要请 ChatGPT 帮忙设计课件内容。

▶ 第一次交流：设计一门咖啡培训课程

提问关键词：交代背景 + 课程主题 + 单节时长 + 课程目标

 我是一个咖啡店老板，经营一家咖啡店 3 年多了，为了拓展业务，现在打算开设线上咖啡培训课程。你能帮我设计 6 节关于咖啡培训的精品课吗？每节课时长为半个小时，旨在帮助咖啡爱好者了解咖啡的文化并学习在家怎么制作一杯口感不错的咖啡。

 当然可以，以下是我为您设计的 6 节关于咖啡培训的精品课程。

第 1 节：咖啡文化介绍（30 分钟）

本节课将介绍咖啡的起源、发展及咖啡文化的内涵和特征。通过学习咖啡文化，学员能够更好地理解咖啡的价值和意义，从而更好地进行咖啡品鉴和制作。

第 2 节：咖啡生豆的挑选和储存（30 分钟）

本节课将介绍如何挑选优质的咖啡生豆和咖啡生豆正确的储存方法，以确保咖啡的新鲜度和品质，以便学员能够更好地掌握咖啡的制作技巧。

第 3 节：研磨咖啡豆的技巧（30 分钟）

本节课将介绍如何正确地研磨咖啡豆，讲解研磨时的注意事项，从而提高咖啡豆的利用率和咖啡制作精度。

第 4 节：手冲咖啡的制作（30 分钟）

本节课将介绍手冲咖啡的制作方法，包括器材的选择、研磨度的调整、水的控制等。学员将学会如何在家中制作手冲咖啡并优化口感。

第 5 节：半自动咖啡机的使用技巧（30 分钟）

本节课将介绍如何正确地使用半自动咖啡机，包括如何控制咖啡的比例、温度调整以及清洁保养等技巧，帮助学员更好地操作咖啡机，从而制作出美味醇厚的咖啡。

第 6 节：怎样辨析咖啡的品质（30 分钟）

本节课将帮助学员掌握如何从外观、口感、香气等方面来判断咖啡的品质。

以上 6 节关于咖啡培训的精品课程涵盖了咖啡文化、生豆选择与储存、研磨技巧、手冲咖啡制作、半自动咖啡机使用技巧以及判断咖啡品质等方面的内容，旨在帮助学员掌握咖啡制作的相关理论知识和操作技巧，从而在家中制造出口感醇厚的咖啡。

ChatGPT 设计的内容贴合新手需求，从咖啡文化与背景说起，让学员对咖啡有一定的了解，接着给出具体的实操方法，这样可以让学员更容易接受和消化课程内容，也符合新手从入门到成长的阶段性需求。

有了课程的框架，我们还可以让 ChatGPT 给出具体的课程内容。

▶ 第二次交流：填充课程的具体内容

提问关键词：内容提示 + 字数限制

 好的，请帮我写出第一节课——咖啡文化介绍的课件内容，字数 2000 字。

第一节：咖啡文化介绍

一、咖啡的起源及发展

咖啡是一种源于非洲的饮料，其起源可追溯到 15 世纪初。据说，当时非洲的一个牧羊人在森林中放羊时，发现他的山羊吃了一种奇怪的果实后异常活跃，这种果实就是咖啡豆。之后人们开始将咖啡引入阿拉伯半岛进行栽培，咖啡逐渐流传到欧洲和其他地区，成为世界上最受欢迎的饮品之一。

二、咖啡文化内涵及特征

咖啡文化是围绕着咖啡所展开的一系列社交和文化活动。

1. 社交功能

咖啡作为一种社交饮品，具有社交功能。无论是在现代咖啡厅里面，还是在中国传统的茶楼中，人们都能够利用饮品来构建社交关系。

2. 生活方式

如今，喝咖啡已经成为现代人常见的一种生活方式，它包括了许多以咖啡为核心的体验和活动。可口的咖啡配上美味的蛋糕或面包，咖啡香气和舒缓的音乐构成了充满活力和创意的生活场景。

3. 烘焙技术

咖啡的烘焙工艺是咖啡文化中的重要组成部分。优质的生豆需要进行适当的烘焙处理才能展现出其最佳的风味特性。不同的烘焙方式会影响咖啡香气和口感。

三、咖啡之都及其文化

1. 哥伦比亚

哥伦比亚位于南美洲，因为特殊的气候特点，非常利于咖啡种植。这个地区生产的咖啡果味浓郁，口感丰富，闻名于世。

2. 巴西

巴西是世界上最大的咖啡生产国之一，这里生产的咖啡比较苦涩，产量丰富，价格相对便宜。

3. 哥斯达黎加

哥斯达黎加的咖啡豆以复杂的酸味出名，把豆子和果肉一起加工之后的咖啡更受欢迎，是一种具备特殊风味、品质优良的咖啡豆类型。

四、全球知名咖啡品牌

1. 星巴克

星巴克是全球最大、最受欢迎的咖啡连锁店之一，它引领了全球咖啡品牌的风潮，一直致力于提供高品质的咖啡和符合时尚需求的产品，也成为许多人日常生活和工作中的必需品之一。

2. 雀巢

雀巢集团是具有全球影响力的食品公司之一，以生产咖啡、巧克力、饮料等产品而闻名。雀巢的咖啡种类丰富，包括经典的醇品咖啡、馆藏系列咖啡等。

3. 意利咖啡

意利咖啡是一个源自意大利的知名咖啡品牌，以其独特的烘焙技术、超群的品质和独特的口感得到了许多顾客的认可。

五、咖啡文化与当代年轻人的关系

随着社会不断发展，当代年轻人对咖啡文化的接纳程度越来越高。年轻人更注重咖啡的味道，以及咖啡带给他们的生活品质的提升。

此外，咖啡的魅力在于它能提供个性化的自由选择：你可以定制自己喜欢的咖啡口味，享受一系列线上线下服务。咖啡文化能够反映现代年轻人的生活理念，满足他们多元化的需求，因此受到年轻人的青睐。

关于课程内容，ChatGPT 提供的可以参考，但不能百分百照搬，我们可以结合自己的思考与理解，在 ChatGPT 提供的内容的基础上进行优化与调整，使得内容符合我们的价值观与事实。

其他几节课，我们也可以让 ChatGPT 完善具体内容。接下来，我们让 ChatGPT 帮忙提炼新手老师的注意点，方便我们优化培训工作。

▶ 第三次交流：提炼新手注意事项

提问关键词：提供主题 + 新手身份 + 注意事项

关于咖啡课程设计，请问新手老师需要注意些什么？

对于第一次进行线上培训的咖啡课程老师，以下是一些需要注意的事项。

1. 选择合适的线上平台：选择一个稳定、易用的线上平台来进行培训，该平台应提供音视频直播、屏幕共享功能，并能满足实时互动交流的需求。

2. 测试设备：在培训开始前，老师需要测试自己的电脑、网络连接、摄像头、麦克风等设备，确保其正常运行。同时，还需确保学员能够顺利地下载和使用相应的应用程序。

3. 准备专业的课件：为了获得更好的培训效果，老师应准备专业且有吸引力的课件。课件内容应包括理论知识、案例分析、实例演示等，并使用清晰、简洁的语言和图片来表达。

4. 控制培训时间和进度：在线上培训中，时间管理非常重要。老师需要合理安排每个阶段的时间，并确保按时讲完课程内容。同时，还需注意学员的反馈，灵活调整教学进度和教学方式。

5. 提供互动与讨论的机会：为了增强学员的参与度，老师应提供互动和讨论的机会。可以通过问答、小组讨论、在线投票等方式来促进学员积极参与。

6. 技术支持和备用计划：尽管已经做好了充分准备，但在线上培训中仍可能出现突发状况，老师需要提前安排技术支持人员，并制订备用计划，以应对可能的突发情况。

7. 关注学员反馈和评价：在培训结束后，老师需要及时收集学员的反馈和评价，以评估培训效果并进行改进。可以通过在线调查问卷等方式获取学员的意见和建议。

了解以上注意事项，老师可以获得更好的线上咖啡课程培训效果，并为学员提供良好的培训体验。如果还有其他问题，请继续提问。

线上培训是一个完整的闭环，除了设计课程，还包括上课之前的设备测试和平台选择，上课时的突发情况处理，课后的复盘迭代，任何一个部分都会影响培训效果与口碑。ChatGPT 可以帮助新手老师理顺培训的环节与流程。很多时候，少走弯路就是走捷径。

ChatGPT 可以为教育行业的工作者解决一系列的难题，小到一条招生文案和一个课件的内容设计，大到一年的营销活动策划，它都提供帮助。总而言之，ChatGPT 值得拥有！

第十一章

11

ChatGPT 是金融行业的好管家

有人说，未来最容易被 AI 取代的是金融行业相关工作，这话虽然有些绝对但不无道理。

金融工作涉及很多重复性内容，且有大量的计算、预测行为。AI 在这些方面有着不俗的表现，在许多大企业已经广泛应用。当然，即便如此，只要我们善于借助 AI 处理工作，就不会变成时代变革下的牺牲品，反倒更容易成为逆流而上的先驱者。

这一章我们就来了解如何用 ChatGPT 优化基础性的金融工作，包括产品方案策划、拜访沟通、电话回访客户和分析市场趋势。

ChatGPT

11.1 帮助客户优化金融保险方案

对于金融行业从业者来说，很多时候都需要帮助客户出谋划策。面对这样的工作场景，我们完全可以结合 ChatGPT 来完成工作。

我们来看一个案例。

假设你是一家保险公司的销售顾问，最近要帮一位创业者定制一套保险方案。按照以往的工作步骤，你需要先搜索相关的行业信息，帮客户撰写一份定制化方案，这个过程需要耗费你一个小时的时间。这时候，你打算向 ChatGPT 求助。

▶ 第一次交流：策划个性化的保险方案

提问关键词：赋予专家身份 + 客户情况 + 策划保险方案

> 假设您现在是一位专业的金融保险顾问，请帮一位年收入 50 万元，年龄在 30 岁左右，从事自由职业的单身女性策划一份保险方案。

非常感谢您的提问！以下是我为这位年收入 50 万元，从事自由职业的单身女性制订的保险方案。

1. 人寿保险。人寿保险是最基本和最重要的保险形式之一。通过支付一定的保费，人寿保险可以为被保险人提供一定金额的赔偿金，以便在意外事件发生时提供经济支持。针对这位女性，我建议购买一定的人寿保险，以确保她在意外事件发生时拥有经济支持。

2. 意外伤害保险。由于这位女性从事自由职业，很可能会面临意外受伤的风险。意外伤害保险可以为被保险人提供在受到意外伤害时的经济支持。我建议购买 100 万元的意外伤害保险，以便提供充分的保障。

3. 医疗保险。由于医疗费用不断上涨，购买医疗保险可以为被保险人提供疾病导致的相关医疗费用的报销。我建议购买一份综合型医疗保险，以便在出现健康问题时得到充分的保障。

4. 残疾保险。如果这位女性由于疾病或意外而落下残疾，丧失工作能力，购买残疾保险后便可以获得一定的赔偿金，以便为她提供经济支持。我建议购买 50 万元的残疾保险。

这份保险方案旨在为这位单身女性提供多层次的保障，在意外或健康问题发生时提供充分的经济支持。同时，建议她考虑将投资组合中的一部分资金分配到长期稳健的保本理财产品中，以满足未来可能出现的紧急资金需求。

对于顾客来说，购买保险需要参考专业人士的建议，否则很容易买错保险或者保额不够，万一真的出现意外，就没有办法得到保障。ChatGPT 给的保险方案是比较完善的，保障数额也结合了客户的收入情况，但是具体的方案需要根据实际情况进行调整。

由于客户的职业情况比较特殊，缺乏公司和平台的保障，因此方案一定要更加全面。

我们和 ChatGPT 继续交流。

▶ 第二次交流：根据职业情况查漏补缺

提问关键词：职业 + 保险项目补充

 对于自由职业来说，还有什么保险项目是需要补充的呢？

 感谢您的反馈，为了进一步为自由职业者提供个性化的保险方案，我建议添加以下几种保险项目。

1. 公共责任险。自由职业者通常会与不同的客户和合作伙伴合作，因此他们可能需要处理潜在的责任问题。公共责任保险可以为被保险人提供保障，以应对与其业务有关的可预见责任。

2. 收入保障保险。自由职业者缺乏固定的收入保障，收入保障险可以为被保险人提供在不能工作的情况下的临时收入支持。这种保险是自由职业者的一种有力保护，可以帮助其在意外或疾病发生后维持现有生活水平，缓解财务压力。

3. 经营中断保险。如果自由职业者的业务受到自然灾害、事故或其他不可抗力因素的影响，可能会遭受巨大的经济损失。经营中断保险可以帮助他们在这种情况下得到赔偿，并缓解财务压力。

这些保险项目都为自由职业者提供了特别的保护，可以为他们和他们的家庭提供最大限度的经济保障。当然，最终的保险方案应该根据个人的情况而定。希望这些补充建议对您有所帮助。

作为一名专业的保险顾问，要做的就是通过一份方案展示专业能力，结合客户的特殊情况做出灵活调整。

▶ 第三次交流：设计完整的保险方案

提问关键词：根据上文 + 设计保险方案

 感谢建议！请根据上文内容，帮这位女性客户设计一份完整的保险方案。

好的，根据您提供的信息和我之前的建议，这位女性可以考虑以下保险方案。

1. 医疗保险。建议购买一份全面的医疗保险，以便在需要的时候使用。医疗保险要注意最好有急诊、住院、手术及重疾等多重保障。

2. 意外保险。购买适当的意外保险，涵盖意外伤害、残疾和身故等风险。可以根据职业和生活习惯选择保障额度和范围。

3. 公共责任险。鉴于其从事个体经营，建议购买公共责任险，以确保在因经营活动对第三方造成损失时获得赔偿。

4. 收入保障保险。作为自由职业者，意外事故可能会导致他们无法工作，收入保障保险可以帮助他们在不幸发生时得到一定程度的收入补偿。

5. 经营中断保险。作为自由职业者，经营中断可能对业务造成严重影响。购买经营中断保险可以为其提供必要的经济支持。

这些保险方案可以根据具体需求进行调整和改进。例如，医疗保险可以选择高、中、低不同档次的保障，以更好地满足实际需求。同时，在购买保险时，建议仔细阅读条款说明，选购信誉度高、服务良好的保险公司的产品。

注意，在涉及保险项目和保费问题时，依然需要用专业知识进行甄别与判断，结合公司的产品优化方案。ChatGPT 更多是思路引导与文案写作的辅助工具，而不是完全代替人类的工作。

11.2 撰写有说服力的产品文案

很多金融从业者都会遇到一个问题：一些有购买力的客户根本不相信金融产品。很多工作人员在开展工作时，往往都会吃闭门羹。

你从业不久，已经遇到好几次这种情况，眼下就有一个客户让你觉得有些头痛。

事情是这样的，对方是一名非常有实力的企业家，有相当强的购买力，背后的人际关系网更是庞大，只要搞定这位客户，你半年的业绩就不用愁了，但是这位潜在客户并不是那么容易被打动的。

这位客户不相信保险产品，连带着对你也有很强的警惕心。现在你想慢慢说服他，不断给他提供新的认知，让他对保险行业慢慢改观，进一步促进成交。

这周，你打算去客户公司喝茶，顺便帮客户做一些行业介绍。你打算让 ChatGPT 帮忙拟定一份有权威性与说服力的行业报告。我们来提问：一份专业的行业报告需要包含什么内容呢？

▶ 第一次交流：介绍行业报告的内容结构

提问关键词：专业行业报告 + 包含内容

请问一份专业的行业报告，需要包含什么内容呢？

一份专业的行业报告通常需要包含以下内容。

1. 概述和背景：介绍该行业的定义、发展历程、市场规模、主要参与者等基本情况，让读者对行业背景有整体了解。

2. 宏观环境分析：对行业所处的宏观环境进行分析，如政策法规、社会文化因素、技术发展等对行业的影响。

3. 市场分析：详细分析行业的市场特征、规模、增长趋势、竞争态势等，包括市场份额、主要产品或服务、消费者需求和偏好等。

4. 竞争分析：评估行业内主要竞争对手的优劣势、市场地位、战略定位等，并了解其产品、服务、营销策略等，为分析行业竞争力提供参考依据。

5. 技术趋势与创新：分析行业的技术趋势和创新发展情况，包括新兴技术的应用、研发动态、投资情况等，以及对行业未来发展的影响。

6. SWOT 分析：分析行业的优势、劣势、机会和威胁，帮助读者全面了解行业的潜力和风险。

7. 成本与利润状况：分析行业的生产成本、运营费用、盈利模式等关键指标，为投资者、企业家等提供评估依据。

8. 市场前景与发展趋势：根据对行业的深入研究和分析，预测行业未来发展趋势，包括市场规模、增长率等方面的内容。

9. 建议与策略：基于对行业现状和未来发展的总结，提供相关建议，帮助读者做出正确的决策和规划。

10. 参考资料：列出所使用的各类数据、报告、文献等参考资料，以方便读者查证和进一步研究。

以上仅为一份专业行业报告的基本内容，具体还需根据不同行业的特点和需求进行适当的调整。

对于零经验的新手来说，突然要写一份行业报告还是有点无从下手的，ChatGPT 可以帮我们提炼出内容结构。我们选择 3~4 个模块进行阐述即可，内容太少了缺乏说服力，太多了又容易让读者产生阅读压力，3~4 个模块内容是刚刚好的。接下来，结合我们自己的思考，让 ChatGPT 帮我们设计一份独一无二的行业报告吧。

▶ 第二次交流：撰写专业的行业报告

提问关键词：交代身份 + 描述背景 + 设计保险行业报告 + 具体要求

您好，我是某个公司的保险销售，目前我在跟进一位年龄 35 岁以上的企业家，他平时很少关注保险行业，对于保险持怀疑态度。现在请你帮我设计一份保险行业报告，包括保险理赔的数据说明、未来趋势和理财角度的重要价值。希望这份行业报告可以帮助我说服客户，相信并选择我们公司的产品，请保证内容的真实性和权威性。

非常感谢您的咨询！我将针对您提出的要求，提供一份保险行业报告，以便您向目标客户进行宣传和推广。

一、保险理赔的数据说明

1. 保险理赔是保险公司向被保险人或其受益人支付的一定金额的钱款，用于弥补因意外事故、疾病或其他不可抗力导致的经济损失。

2. 根据中国银保监会的统计数据，2019 年我国保险理赔总额约为 1.1 万亿元。而在 2020 年新型冠状病毒感染带来的冲击下，我国保险行业理赔金额进一步扩大，表明保险理赔作为一个经济安全网，在国家层面发挥了重要作用。

3. 据了解，截至 2021 年，各大保险公司理赔率超过了 90%，在全球范围内属于较高的水平。

二、未来趋势

未来，随着国内外市场的进一步放开，保险产品和服务将更加细分和个性化。同时，消费者对智能化、便捷化、精准化、全面化的保险需求越来越强烈。具体表现如下。

1. 保险知识的普及：随着社会的发展和媒体技术的发展，消费者对保险的了解程度不断提升。

2. 全球化投资：随着经济的发展，投资风险逐渐增加，这时保险等金融工具的作用变得愈加重要。

3. 人寿险产品市场日益壮大：养老保险方面，也将迎来更加丰富的产品选择，以满足消费者对养老保障的需求。

4. 健康险市场不断扩大：伴随着人们对健康关注程度的不断提升，保险公司在健康险方面将推出更多的创新保险产品，提供更全面的健康保障服务。

三、在理财角度上的重要价值

1. 分散风险：保险是规避风险的重要手段之一，可以为客户在各种意外事件发生时提供一定的经济支持。通过投保不同险种，客户可以将风险分散到不同领域，减轻个人财产的风险集中度。

2. 保障生活稳定：相较于个人储蓄和贷款，保险更能为客户提供长期、稳定的财务支持。在出现紧急情况时，保险可以及时提供资金支持，确保客户生活稳定。

3. 稳健收益：一些投资型险种不仅能够提供保障，还具备理财功能，能为客户带来稳健的投资收益。

总的来说，保险作为一种与金融、财富、风险等密切相关的服务，不仅能够为客户提供经济保障和风险防范，同时也在理财角度上具有重要价值。在这个信息化、智能化的时代，保险公司可以通过提供更智能化、便捷化的服务，满足消费者个性化、定制化、多元化的保险需求，从而实现客户价值的最大化。

一份专业的行业报告，需要数据支撑与案例说明，并且提供多角度的内容阐述，才能起到说服客户的作用。ChatGPT 提供的这份报告有理有据，逻辑自洽，质量还算不错，只是数据陈旧，需要我们自己更新。

如果我们在拜访客户之前，准备一份这样的行业报告，既可以展示我们的专业能力，又可以提升客户的认知，为接下来的成交工作做好铺垫。

11.3 拜访客户的沟通小能手

拜访客户是很多金融从业者的主要工作，也是完成业绩的重要一步。但是面对千人千面的客户，想要找到对方的需求点，又能和客户聊得来，可不是一件简单的事情。

现在假设一个场景：你是保险从业者，要去拜访一位客户，你心里有些打鼓，这位客户的气场实在太强了，对什么话题都能侃侃而谈，又有企业家的光环加持。面对一位高收入、"高段位"的客户，初出茅庐的你完全不知道该和客户聊什么，总不能每一次都聊保险吧？

于是你每天晚上都在研究客户的朋友圈，希望找到客户的兴趣点和需求。功夫不负有心人，你果然发现了客户的爱好——打高尔夫！这位客户每个月都会去附近的球场打球，显然是一名专业型选手，但是你对高尔夫一窍不通，更没有体验过这项运动，该怎么以此为切入口和客户聊天呢？

那么，ChatGPT能否为你提供帮助？

▶ 第一次交流：寻求聊天方法
提问关键词：客户情况 + 交代背景 + 聊天建议

您好，我有位客户非常喜欢高尔夫，且有一定的专业经验。我很快就要和他见面了，对于这项运动我完全不了解，请问我该如何与他聊天呢？

您可以从以下方面和客户聊天，以了解更多关于高尔夫的知识。

1. 问他是如何开始接触高尔夫的，了解他的高尔夫生涯是怎么开始的。
2. 问他平常会参加哪些高尔夫球俱乐部或比赛，以及他对这些场地或比赛的看法。
3. 问他对高尔夫球比赛规则的理解，以及是否有自己的一些策略和技巧。
4. 了解他对高尔夫球器材的看法，包括不同的高尔夫球杆、球袋等装备。
5. 了解他最喜欢的高尔夫球选手或比赛，并询问他对这些选手和比赛的看法。
6. 向他请教高尔夫球的发展历史和技巧。
7. 讨论一些与高尔夫球相关的热门话题，如最新的比赛结果、高尔夫球的历史、未来发展趋势等。

通过以上交流，您不仅可以更好地了解您的客户，还能让您对高尔夫球有更深入的了解。

作为外行人，面对一个陌生领域，千万不要不懂装懂，一旦被识破，客户对你的印象反而大打折扣，不如以新手的姿态，大大方方向客户请教，反而对建立关系有积极作用。一方面你可以自然地展开交流，另一方面可以让对方展示自己的专业性，让客户找到满足感与成就感。只要让客户觉得和你聊天很开心，成交是早晚的事情。

▶ 第二次交流：延伸具体的聊天内容

提问关键词：历史背景 + 相关技巧 + 具体介绍

 关于第六点和第七点中的高尔夫球的历史和相关技巧，可以帮我做一个具体的介绍吗？

 当然可以，以下是更为详细的介绍。

历史

高尔夫球具有悠久的历史，大约可追溯至 15 世纪的苏格兰。最初，高尔夫球是在荒野上用一根手工制作的杆敲打毛线球的娱乐活动，到了 18 世纪出现专门的高尔夫球场，开始有更规范的规则和装备。

技巧

1. 稳定的挥杆最重要：高尔夫球的关键在于稳定的挥杆，打球时需要保持平衡，放松身体，掌握正确的姿势和力量掌控，才能获得比较好的成绩。

2. 选用合适的球杆：每种球杆都有自己的特点，应该根据距离的不同和地形的特点，灵活选择不同的球杆。

3. 熟知球道和环境：需要注意场地情况，如球道长度、障碍物位置等；还需要根据风向和速度，以及草坪湿度等环境因素，调整球杆和打法。

4. 控制力量和方向：打高尔夫球的重点在于控制球杆力量和方向，这需要长时间的练习。通过不断学习杆感和旋转力等技巧，可以提高进球准确性。

希望这些技巧对您有所帮助，同时也提醒您，高尔夫球是需要不断练习的，如果感兴趣不妨尝试进行实际练习！

有了这些初步的认识，到时候你就能和客户更好地交流。如果你不确定 ChatGPT 提供的内容是否真实，拜访时可以请客户为你答疑。

▶ 第三次交流：介绍话题相关的企业家与故事

提问关键词：国内限定 + 相关企业家 + 介绍故事

> 感谢您的介绍，请问国内有哪些喜欢打高尔夫球的企业家？可以为我讲讲他们的故事吗？

 有不少企业家热爱高尔夫运动。以下是一些喜爱高尔夫的中国企业家。

1. 马某：马某是中国互联网巨头 × × 公司的创始人和首席执行官，他在业余时间也热衷于打高尔夫球。据悉，他非常喜欢高尔夫运动，每年都会参加多项高尔夫比赛。

2. 沈某：沈某是著名企业家、投资人和风险投资公司 × × 创新基金的合伙人。他也是一位精通高尔夫的球手，曾多次在国内外高尔夫比赛中斩获佳绩。

3. 徐某：他是知名技术有限公司的轮值主席和 CEO，也是一位高尔夫爱好者，曾在 2012 年和 2013 年连续两年赞助了高尔夫中国公开赛。

以上仅仅是一些有代表性的例子。高尔夫运动既能帮助从事企业管理工作的人释放压力，同时也可以增进社交，结识朋友，因此越来越多的中国企业家开始将高尔夫运动纳入自己的生活和工作计划中。

了解名人故事时，我们最好找一些和客户行业比较接近的案例，这样有助于拉近彼此的距离，容易让客户产生代入感和共鸣，营造一种愉快的聊天氛围。（注意：为避免不必要的误会，这里对 ChatGPT 提供的人物及公司信息进行模糊处理。）

当你准备拜访客户，却不知道可以聊什么话题时，最好的方法就是将他感兴趣的事物作为切入点。拉近距离是获得客户信任与认可的第一步，先成为朋友，才有成交的可能，真诚永远是第一位的。

11.4 回访客户的话术库

回访客户指的是对客户的需求和评价进行调查式互动，通常需要和客户进行比较多的沟通。对企业来说，客户回访是听取客户心声、调整产品方向、提升公司利润的重要方式。

例如，有客户断保了，市场部的同事就需要对客户进行电话回访，了解客户最近的动态和需求，是遇到了资金问题，还是对本公司的产品或者服务不满意，收集客户反馈后，才能进行下一步的工作。一般来说，回访工作做得好，可以给企业带来显著的利润增长。

本节我们将一起学习如何通过 ChatGPT 打造客户回访的话术库，让你一说话客户就喜欢你。

假设你在一家金融公司市场部工作，进行客户回访是你的日常工作。今天你要回访保单中止的老客户，了解他们的需求，尽量说服他们续单。接下来就让 ChatGPT 协助你完成工作吧。

▶ 第一次交流：设计回访话术

提问关键词：赋予专家身份 + 行业背景 + 设计回访话术思路 + 数量限定

你现在是一位销售专家，请帮我提供 10 个金融行业的电话回访话术思路。

当然可以，以下是 10 个金融行业的电话回访话术。

1. 问候客户并介绍自己以及公司，确认客户的身份和关注点后，了解客户最近是否需要我们的服务，如有需要，进行相关服务的介绍。

2. 询问客户是否了解公司的各项产品，如有了解请进一步说明，如果没有了解，介绍公司提供的产品，并根据客户需求，给出多种选择。

3. 根据客户的财务状况和需求，介绍合适的理财产品或保险产品，强调产品的稳定性和安全性。

4. 认真倾听客户的意见和建议，记录客户的反馈信息，同时回答客户的问题，解决他们的困惑。

5. 告知客户公司目前的促销活动，帮助客户节省保险费用或获得其他好处。

6. 如客户有疑问，详细询问并解答疑惑，帮助他们更好地规划计划。

7. 根据客户所在行业的特点，介绍相关金融产品和服务，帮助客户更好地应对行业的风险，增加收益。

8. 对于老客户或忠实客户，提供一些关怀和服务，如关爱长辈、儿童教育规划等；同时询问客户是否有朋友或家人需要我们的服务。

9. 在电话沟通中体现专业性，向客户展示公司的实力和竞争优势，树立让客户信任和认可的形象。

10. 最后，热情感谢客户的倾听和支持，并记录好对方的反馈意见，为今后业务合作做好准备。

对于 ChatGPT 提供的 10 个话术思路，我们可以结合起来使用，慢慢形成自己的交流风格，并根据客户的反馈进行适当的调整。

接下来，我们给 ChatGPT 提供一个具体场景，让它来帮我们定制个性化的回访话术。

▶ 第二次交流：提供具体的工作场景

提问关键词：行业背景 + 客户情况 + 目标 + 设计回访话术

 我们是一家专业的保险公司，一位企业客户的保单在两个月前断续了，我想打电话给他询问原因并说服他继续投保，请帮我设计一套个性化的电话回访话术。

好的，以下是针对企业客户保险断续情况的电话回访话术。

1. 问候客户并介绍自己以及公司，确认客户身份。

2. 询问客户保险断续的原因，跟进客户的反馈并了解客户对本公司的印象和评价。针对客户的反馈，可以说："我们一直重视您公司在保险方面涉及的问题，并会尽最大努力为您提供高质量的服务。"

3. 分析客户所述的问题，并针对其需求，提供有效的解决方案。例如，如果是保险费用过高导致了保险断续，可以解释保险费用构成及优惠政策；如果原有保险条款内容不能满足企业要求，可以介绍新的保险产品。

4. 深入分析保险市场形势，并根据企业类型提供符合其实际需求的保险产品和增值特色服务，如员工康复计划、健康旅游险、意外险等，并向客户详细介绍产品的优势和保障范围。

5. 对于新产品的特点和投保的要求，以客户需求为基准，对保险产品所需的理赔资料和申请流程进行详细介绍。

6. 针对客户担心保险条款变更的可能性、保险责任限制和承保范围，通过企业数据分析和最新市场趋势分析，提供可行的建议和科学的规划，从而让客户放心。

7. 强调公司专业精神和务实态度，着重强调公司内部数据匹配和基础设施建设等方面的支持和发展计划。

8. 感谢客户的支持，突出品牌的优势和服务质量，并留联系方式便于后续跟进。

9. 规范地记录客户的反馈，提取有用信息并进行归纳分析，从而优化后续的销售策略和回访方案，确保客户最大限度上受益。

ChatGPT 从三个方面为我们提供了话术的思路：一是从客户的需求出发，如果是资金吃紧可以提供优惠方案；二是提供互补性方案，如果是客户认为之前的方案不能满足他的需求，可以提供别的选择；三是展示本公司良好的服务态度，有针对性地向客户提供新的解决方案，同时介绍新的政策和市场趋势，让客户感受到公司对他的关心。

▶ 第三次交流：总结通用的电话回访话术

提问关键词：通用性 + 电话回访 + 话术模板

请帮我总结一套通用的电话回访话术模板。

好的，以下是您需要的电话回访话术模板。

1. 问候客户并介绍自己

您好，我是 ××× 公司的市场部门工作人员，请问您是 ××× 公司的企业负责人吗？

2. 了解客户的保险情况

我们注意到，在过去的几个月中，您并没有续费 ××× 保险，请问您有什么方面的问题需要我们协助解决吗？

3. 针对客户的问题提供解决方案

如果是保险费用过高导致的保险断续，您可以这样说："对于费用方面的问题，我们可以为您提供更具优势的保险方案。例如，我们最新推出的 ××× 保险产品就拥有更加合理的价格和广泛的承保范围。"

如果是保险条款内容无法满足客户需求导致的保险断续，您可以这样说："我们重新整理了我们的保险产品，并明确了一些条款的说明和承保范围。同时，我们也有专业的团队可提供一对一的咨询服务，根据您的业务需求来为您匹配最佳的保险产品。"

4. 推荐相关的保险产品

针对客户所述的问题和需求，您可以推荐公司提供的相关保险产品，具体解释这些产品的保障范围并重点介绍其特点和优势。

5. 了解客户是否有其他问题需要解决

可以这样询问客户：以上解决方案和保险产品是否能满足您的需求？或者您是否有其他问题需要与我们进行深入的沟通和交流？

6. 再次感谢客户的配合以及对公司的支持

"再次感谢您的耐心和配合，我们会根据您的实际需要为您提供最佳的服务。"

电话回访讲究真诚，更要注意技巧，千万不要一上来就直接介绍公司的产品，一味要求客户续费。

只有了解对方的顾虑和现状后，我们才能站在客户的角度，有针对性地推出更适合的服务，从而提升成交率和好评度。让客户感受到我们的真诚与用心，才是长久的合作之道。

12

ChatGPT 是亲子教育的好帮手

随着社会的发展，现代父母都特别重视孩子的学习问题，想尽办法送孩子读名校，上补习班，陪写作业。

然而，随之也产生了各种教育矛盾。现在的学业压力和升学难度比过去增加不少，很多家长在辅导孩子时感到苦恼不已，甚至有网友坦言现在三年级的作业，家长已经无力辅导。

同时，孩子的学习任务不知不觉中变成了家长的事情，给家长带来了不小的压力。家长有时候尽力辅导了，结果孩子听不懂、学不会、没效果，家长也感到十分生气，有时候气急了，还会因此责骂孩子，之后又懊悔没给孩子做好榜样。

AI 时代的到来，一定程度上可以缓解家长的教育焦虑与压力，帮助孩子提升英语水平、写作能力，培养孩子的艺术审美能力与创意天赋等，树立正确的价值观，养成良好的生活习惯。本章将为你介绍父母如何利用 ChatGPT 提升家庭教育的质量。

ChatGPT

12.1 英语水平提升

未来，你可能会看到这样的场景：学生在书房学习，而 ChatGPT 等 AI 变成了课堂老师，随叫随到，帮助学生提升英语水平，无论是英文纠错、英语写作、语法解答还是中英翻译，ChatGPT 都能提供帮助。

假设你的女儿目前上中学，英语一直是短板，你非常担心女儿的中考被英语拖后腿，但是想辅导又力不从心，最后你决定向 ChatGPT 求助。

▶ 第一次交流：寻求辅导帮助

提问关键词：痛点问题 + 辅导英语

 你好，我女儿正在上初一，她的英语成绩很一般，请问你可以帮她辅导英语吗？

 您好，非常荣幸能为您提供帮助。我可以为您的女儿提供英语辅导服务，包含以下内容。

1.英语语法：帮助您的女儿了解英语句子的构成和各种时态的用法等基础知识。

2.英语听说：通过大量的口语练习、听力训练等，提高您女儿的英语听说水平，增强其英语表达能力。

3.阅读和写作：通过进行英语阅读理解、写作练习，让您的女儿掌握英语文章阅读技巧和写作技巧，提升阅读理解和写作能力。

同时，我建议您在每周安排 2~3 次课程，每节课持续时间为 1~2 小时。这样可以更好地帮助您的女儿巩固知识，获得更好的学习效果。

接下来，我们提供一个具体的场景，让 ChatGPT 帮忙写一篇英语作文吧。

这个暑假，你带女儿出去体验生活，回家后女儿想写一篇关于杭州游记的英语作文，却发现无从下笔。这时候你可以请 ChatGPT 帮助女儿完成作业。

▶ 第二次交流：寻求英语作文灵感

提问关键词：作文主题提示 + 提供灵感

 你好，我的女儿想写一篇杭州游记的英语作文，但是她想不到从何开始，请问你可以为我的女儿提供一些灵感吗？

一、散步在西湖旁

您女儿可以写一篇关于在杭州西湖旁散步的游记，介绍一下西湖的美景，如听着波浪声，看着周围建筑时的感觉是怎样的。

二、品尝当地美食

您女儿可以写一篇关于品尝杭州当地美食的游记，如丝瓜干、龙井茶、东坡肉等。介绍一下杭州的特色小吃。

三、参观历史遗迹

您女儿可以写一篇关于参观杭州历史遗迹的游记，如灵隐寺、六和塔等，介绍一下这些历史遗迹的特点和历史意义。

四、体验杭州文化

您女儿可以写一篇关于体验杭州文化的游记，如制作绣球、写毛笔字等。可以讲述一下自己的体验感受和对杭州文化的理解。

以上建议仅供参考，您可以根据您女儿的兴趣爱好和旅行情况，适当进行调整和修改。同时，鼓励女儿多进行实地探索和体验，这样能让她的作文更加丰富生动。

ChatGPT 提供了一些写作的思路，像美食、历史遗迹、文化习俗都可以展开描述。这些内容组合起来其实就是一篇完整的作文了。

▶ 第三次交流：提供范文参考

提问关键词思路：指出痛点 + 范文参考

 感谢建议，但是看完还是无从下手，可以根据上文主题帮我写一篇范文参考吗？

当然可以，请参照以下范文。

My Trip to Hangzhou

I had a wonderful time during my trip to Hangzhou this summer vacation.

Hangzhou, located in the southern part of China, is famous for its beautiful scenery and unique culture.

One of the most enjoyable activities during my trip was walking along the West Lake. The lake, surrounded by buildings and skyscrapers, was absolutely gorgeous. I loved listening to the sound of the waves and taking in the view of the mountains in the distance.

Another highlight of my trip was trying the local cuisine. Hangzhou is known for delicacies such as dried loofahs, Longjing tea, Dongpo pork, as well as street snacks like ancient meat and soup dumplings. It was great to savor the flavors of the city and sample these delicious dishes.

During my trip, I also visited some of Hangzhou's historical landmarks, including Lingyin Temple and Liuhe Pagoda. These ancient structures carry a lot of cultural significance and it was interesting to learn about their history.

Lastly, I had the opportunity to experience Hangzhou's culture firsthand. I made embroidered balls and practiced calligraphy with a brush pen. It was a unique and immersive way to understand the city's culture.

Overall, my trip to Hangzhou was an unforgettable experience. I fell in love with the beautiful scenery, delicious food, and unique culture that the city has to offer. I hope to visit again soon!

ChatGPT 给的这篇范文描述了作者在杭州旅行时体验的美食、景点和一些文化活动，比如制作绣球，用毛笔练习书法。同时，作者在结尾表达了自己还想旧地重游的美好心愿，算是一篇叙事完整、情景交融的作文，表达语气也符合初中生的口吻。注意，ChatGPT 生成的英文内容并非尽善尽美，可能存在一定的语法错误等，需要认真辨别、修改。

但是，一部分用户可能不知道这篇英文是什么意思，那么我们可以让 ChatGPT 把英文翻译为中文。

▶ 第四次交流：中英文翻译
提问关键词：翻译

请帮我把上面这篇英文范文翻译为中文。

我在暑假期间去杭州旅行的时候，度过了美好的时光。杭州位于中国南部，以其美丽的风景和独特的文化而闻名。

在我旅行期间最享受的活动之一是沿着西湖散步。湖泊四周是摩天大楼，非常美丽。我喜欢听着浪潮的声音，欣赏远处山峦的景色。

旅行的另一个亮点是尝试当地的美食。杭州以丝瓜干、龙井茶、东坡肉等美食而闻名，还有咕咾肉和汤包等街头小吃。品味这座城市的味道，尝试这些美味的菜肴真是太棒了。

在旅行中，我还参观了杭州的一些历史景点，包括灵隐寺和六和塔。这些古老的建筑物承载着许多文化意义，了解它们的历史非常有趣。

最后，我有机会亲身体验杭州的文化。我亲手制作绣球，并用毛笔练习书法。这是一种独特而沉浸式的方式，来了解这座城市的文化。

总的来说，这是一次令人难忘的旅行经历。我爱上了这座城市的美丽风景、美食和独特文化。我迫不及待想再去一次！

在英语学习中，我们经常会遇到陌生的单词和句子，很难读懂一篇英语文章。这时候，可以让 ChatGPT 翻译，帮助我们快速扫除阅读障碍。

从这些案例可以看出，ChatGPT 在英语辅导方面的作用非常大，包括辅导孩子写英语作文和翻译单词、句子等。如果我们能够持之以恒去训练 AI，那么它就是孩子最好的老师！

与 ChatGPT 交流学习具有探索性与趣味性，孩子不再是单方面地吸收课本与老师输出的知识，而是选择自己感兴趣与急需提升的内容，有针对性地探索与学习。此外，ChatGPT 还可以提供更多样化与个性化的体验，大大提升孩子对英语学习的兴趣与探索欲。

12.2 中文写作

作文在语文考试中占据了很大的分数比重，也是很多学生头疼的环节。对此，很多家长苦恼之极，不知道该用什么方式来提升孩子对写作的兴趣和热情，更别说到实打实的写作建议。而在未来，ChatGPT 可以直接化身为学生写作的小帮手，帮助学生提升写作兴趣与动力，同时给予针对性的作文辅导。

假设你的孩子是一名高一学生，他的数学学得非常好，但是语文成绩经常拖后腿，你希望借助 ChatGPT 帮助孩子提升写作能力，可以和 ChatGPT 进行如下沟通。

▶ 第一次交流：寻求提升作文分数的方法

提问关键词：交代背景 + 痛点问题 + 提升方法

 我的孩子是一名高一学生，他的数学成绩非常好，但是语文成绩很一般，尤其是作文得分非常低，常常不及格，请问有什么办法帮助他快速提升吗？

写作文时，以下几个方面需要特别注意。

1. 科学规划：在写作文前，先花时间思考文章框架。如开头、主体和结尾。特别注意要把自己的思路先理顺，让读者能够理解你的想法。

2. 丰富词汇：在写作中使用准确、生动的词语和短语能够让文章更有感染力。因此，建议在平时多读书，熟练掌握常用表达方式，训练写作技巧。

3. 逻辑严谨：写作文不仅要注重文章的结构，还要保证文章的逻辑清晰。每一个段落的内容都应该有一定的连贯性，各部分内容之间要紧密联系，形成一个完整的体系。

4. 格式要正确：在写作文时，我们需要了解不同类型文章的格式，并按要求格式写作。例如，小说、散文、议论文等文章在结构和语言表达上存在着明显的区别，为了提高得分率，我们需要详细了解与各类文章格式相关的知识点，并遵守格式要求。

5. 提高自我审查的能力：写完一篇文章后，记得花时间检查和修改。可以找一个熟悉的人来帮忙检查和提出好的建议，这样有助于提高文章质量。

总之，想要提高作文水平，需要阅读优秀的作品并模仿、不断练习。只要坚持下去，一定会取得更好的成绩！

ChatGPT 的建议，除了可以帮助学生提升写作水平，对家长而言，也让他们知道自己可以为孩子做点什么。例如，你可以支持孩子阅读他感兴趣的书籍，丰富孩子的课外生活，拓展孩子的想象力与知识面，从而提升孩子的写作能力。

▶ 第二次交流：结合案例说明如何提升作文的感染力

提问关键词思路：提出诉求 + 结合案例说明

 高一学生如何让文章变得富有感染力？可以结合例子说明一下吗？

想让文章更有感染力，可以从以下几个方面考虑。

1. 生动的描写

生动的描写可以增强读者的阅读体验，使内容更具有感染力。如可以通过具体的形象、色彩、气味、声音等来刻画人物、环境等，使读者能够感受到文章中描绘的场景。例如，你可以写：她那双潮湿的眼睛流露出近乎忧郁的情感；那个小男孩发出纯真的笑声，不时看着他的母亲，似乎在寻找肯定。

2. 准确的语言

优美、丰富、准确的语言表达能够让文章更加动人心弦，使读者更容易被打动。可以用一些修辞技巧，比如拟人、排比、比喻等来增强文章的文学色彩。例如，你可以写：她的眼睛深邃而明亮，仿佛里面藏着无尽的星空。

3. 借助自己的经历表达情感或观点

在写作中，可以借助自己的经历或者身边人的故事来表达情感或观点。这样的文章往往明显更具有感染力，能够让读者产生共鸣。

以上就是一些提升作文感染力的方法，大家在写作中可以根据自己的情况进行选择。

通过 ChatGPT 的提示，就算不上辅导班，家长也知道如何指导孩子写作文，心平气和地帮助他们找到问题，并给出切实有效的建议。假以时日，孩子的写作能力一定会大有长进。

▶ 第三次交流：结合书籍内容分析写作技巧

提问关键词：学习阶段 + 指定作家 + 结合书籍 + 分析技巧

我的小孩是一名高中生，他特别喜欢作家余华，请问你能结合余华书里的内容，帮我分析有什么写作技巧值得学习吗？

余华的作品通常以简单的语言、真实的场景和情感描写打动人心。以下是一些余华作品的写作技巧。

1. 真实的人物描写：余华小说中的角色具有鲜明的个性和独特的生命力，读者可以在他们身上发现自己的影子。这种人物形象的刻画需要作家具有观察社会、人性的能力。

2. 找到故事的核心：余华的小说往往是对人性的思考，每一个故事背后都有一个核心，能够通过独特的叙事方式把这个故事讲得精彩动人。

3. 简单的语言：余华的小说用语简洁，节奏感强，用词精准，这使得读者能够更好地理解整个故事的情感变化。

　　4. 快速开局：余华的小说往往通过快速铺陈故事情节来展开故事，从而引起读者的兴趣。

　　5. 情感的表达：余华的小说往往涉及复杂的情感，能够深入人心，透过平静的表象把人性问题讲述得细腻而深刻。

　　综上所述，余华作为中国当代文学的杰出代表，他的作品打破了大众对文学的传统认识，具有强烈的社会意义和深刻的思想内涵。他在情感描写、人物塑造、情节设计和语言运用等方面是值得读者学习的。

　　很多时候，孩子的写作能力提不上去，归根到底还是缺乏兴趣，没有获得正反馈。如果可以从他喜欢的作家和书籍切入，情况可能就有所改变，帮助孩子从被动学习的状态转为主动探索，从根源上增强他们的学习动力与探索热情，继而提升写作能力。

▶ 第四次交流：训练鲜明的文风

提问关键词：指出痛点 + 提出诉求

　　高中生写作缺乏自己的风格特点，请问要怎么做才能像名师大家一样，拥有鲜明的文风呢？

　　作为一名高中生，想要形成自己鲜明的写作风格是一个长期而且需要不断实践和探索的过程。以下几点建议供您参考。

　　1. 广泛阅读

　　如前所述，在写作风格培养方面，最好的方式就是广泛地阅读各种类型的文学作品。从阅读中，你可以了解不同风格的创作特点、表达方式和写作技巧，这些都可以为你的写作提供经验和参考。

　　2. 注重练习

　　如果想要形成鲜明的个人写作风格和特色，最重要的就是不断练习。多写作文、日记或者随笔，以及其他任何感兴趣的题材，并不断尝试用不同的表达方式来表达自己的观点和感受。无论你的作品怎样，你都应该始终坚持练习。因为只有坚持练习才能让你不断进步，形成自己独特的写作风格。

　　3. 表达自己的观点和感受

　　在写作中，重要的不仅是呈现出新颖的故事情节、塑造角色，还需要表达出自己的观点和感受，这样才能让你的文章更有真实感。

最后，想要形成独特的写作风格需要时间和耐心，进行大量的尝试和实践，最终你一定会成功。

说到底，写作没有捷径，离不开多读、多写、多练。

▶ 第五次交流：规划学习任务

提问关键词：学习阶段 + 背景信息 + 目标诉求 + 制订计划

> 我的儿子正在读高中，距离期末考试还有半个月时间，我希望他能够在这段时间内尽快提升自己的写作能力，请问你可以帮忙制订一个学习计划吗？

谈到提升写作能力，一个具体的学习计划可以帮助你的儿子有效地利用时间，并系统地提高他的写作技巧。以下是一个为期半个月的学习计划。

第一周

1. 明确目标：与儿子一起讨论他希望在写作上取得的进步目标，并将目标细化为具体的可量化的小目标，如每天阅读一篇短文。

2. 词汇积累：每天通过阅读积累词汇和短语，并记录下来。每天抽出一定时间进行复习。

3. 阅读练习：每天读一些高质量的文章，同时要注意模仿优秀文章的写作风格和句式结构。鼓励儿子将自己的观点和反思添加到读过的文章中。

4. 写作练习：每两天就一个话题写一篇短文，300~500 字，注意使用新学到的词汇和短语。

5. 检查和反馈：每完成一篇短文后，孩子可以请你或老师检查并提供反馈，然后针对反馈进行相应的修改。

第二周

1. 阅读和写作练习的持续：继续每天进行阅读，每两天写一篇短文，注意词汇的积累与运用。

2. 语法和句型训练：每天抽出一定时间进行语法学习和句型练习，同时可以收集一些优秀的句子，并在写作练习中尝试应用它们。

3. 范文学习：寻找一些与高考作文相似的范文，分析这些范文的结构、论点以及表达方式，然后尝试模仿其写作技巧。

4. 时间管理和策略调整：与儿子一起回顾上周的学习成果，帮助他评估自己的进展并合理调整学习策略，确保他在写作练习中充分利用学习时间。

这个学习计划仅供参考，你可以根据你儿子的实际情况和学习进度进行调整。此外，密切的关注和鼓励，以及对完成作品的详细反馈和指导都是非常重要的，这将有助于他提升写作能力。

关于写作，不同的学生存在不同的痛点，有人写的故事干巴巴的，有人缺乏写作逻辑，有人总是达不到字数要求，有人连开头第一句话都想不出来。总之每个人的问题都不一样。现在可以把你的问题告诉 ChatGPT，让它为你打造独一无二的解决方案。

12.3 绘画学习

和过去只追求实用性的传统教育不同，现在的家长越来越重视孩子的艺术发展，很多小孩四五岁就被送去上绘画、音乐、舞蹈培训班。

正如一句话所说："培养孩子绘画不是为了让他做个大师，而是潜移默化让孩子丰富内心。我毫不担心她会沉迷电子产品，因为有太多可干的事儿，比动画片和游戏好玩儿。"

艺术可以点缀孩子的心灵世界，丰富孩子的业余生活，是很多家长送给孩子的宝贵礼物。

那么，是不是一定要送去兴趣班学习，孩子才能成材呢？没有上兴趣班的孩子，是不是就一定会输在起跑线上？

其实并不然，一个孩子的艺术能力与创造力培养，不局限于课堂。在家庭与生活的很多方面，仍然存在很多机会，可以帮助孩子培养这方面的能力。

但是难处在于很多父母自己并没有这方面的经验，很难带领孩子去探索艺术领域。在艺术教育上，父母到底能做些什么？本节我们一起借助 ChatGPT 帮助孩子探索艺术创作。

假设你家里有一个 8 岁的孩子，现在他处于一个好奇心旺盛的阶段，对艺术表现出了浓厚的兴趣。身为家长，怎么给孩子提供科学的教育和引导呢？不妨让 ChatGPT 来帮你。

▶ 第一次交流：提供绘画学习的建议

提问关键词：交代身份 + 描述背景 + 寻求建议

> 你好，我是一名 8 岁孩子的家长，最近小孩迷上了动漫书，很想学习画画，对此你有什么建议呢？

非常高兴听到您的孩子对画画感兴趣！以下是我给您的一些建议。

1.您可以给孩子找一些基础绘画课程，这些课程将教授孩子一些基本的绘画技巧，如线条、阴影和透视等。

2.让孩子多加练习。提升绘画水平需要大量的时间和精力投入，必须多加练习。

3.使用正确的绘画工具。对于初学者，一个简单的铅笔和纸即可，但如果孩子对绘画产生了浓厚的兴趣，推荐给孩子提供更专业的绘画工具和材料，这将有助于孩子更好地表达自己的创意。

4.鼓励孩子多观察和模仿。通过模仿一些喜欢的画家或漫画家的作品，孩子可以更好地了解绘画技巧和风格，同时，还可以学习到更多有关绘画的知识，培养孩子对艺术的兴趣和热爱。

5.在家中为孩子提供一个安静的环境。在绘画时孩子需要将注意力集中在自己的作品上，因此，请保持安静，让孩子在不受干扰的情况下专注绘画。

希望这些建议有助于您的孩子开始他／她的绘画旅程！

这些建议听起来都对，但是如何结合孩子的情况进行引导呢？我们来提供一些具体的信息。假设你的孩子喜欢机器人模型和汽车模型，对此，ChatGPT 可以提供什么灵感呢？

▶ 第二次交流：结合小孩的兴趣寻求建议

提问关键词：提供兴趣 + 提供灵感

我的孩子非常喜欢机器人模型和汽车模型，请问有什么灵感可以提供吗？

当谈到机器人模型和汽车模型时，以下是一些画画的灵感可以提供给您的孩子。

1.机器人世界：绘制一个充满机器人的未来世界。您的孩子可以尽情想象并绘制各种形状、大小和功能各异的机器人。

2.汽车场景：创造一个精彩的汽车场景，如赛车跑道、停车场或者城市街道。让您的孩子绘制不同类型的汽车，在这个场景中任意驰骋。

3.变形机器人：既然您的孩子喜欢机器人和汽车，那么他可能会喜欢变形机器人。可以让他们探索并绘制可以转化成机器人或汽车的形状。

4.科幻机械：绘制一些令人着迷的科幻机械，如太空飞船、时间机器或者未来工具。鼓励孩子创造独特且新颖的机械设备。

鼓励您的孩子发挥想象力，并使用各种颜色和材料来装饰和绘制，同时可以给他们提供一些相关的图片或视频进行参考，以帮助他们更好地表达自己的创意。

对于零基础的孩子来说，这时候适度学习名家作品是有帮助的。很多画家在成名之前，也会学习名师的作品，等有了基础再进行创新。儿童绘画也可以采用这种方式，即结合孩子喜欢的画风来帮助他学习。

▶ 第三次交流：结合画家的作品帮助孩子学习

提问关键词：描述场景 + 结合画家作品 + 帮助孩子学习

上次我带孩子参观了凡·高画展，他表示非常喜欢，还让我购买相关的书籍给他阅读，请问我该如何结合凡·高的作品帮助孩子学习画画呢？

您可以让孩子模仿凡·高画作，具体步骤如下。

1. 展示凡·高的作品：展示凡·高的画作给孩子观看，帮助孩子了解凡·高的绘画风格和独特之处。

2. 分析画作：与孩子一起分析凡·高的画作，讨论他用了哪些颜色、技巧、构图等。引导孩子观察细节，了解凡·高如何运用色彩和形状来表达情感。

3. 提供素材和工具：提供画画所需的素材和工具，如画布、调色板、颜料等。确保有足够的颜色来模仿凡·高的作品。

4. 绘画指导：如果孩子需要指导，您可以根据凡·高的画作教他一些基础的绘画技巧。例如，如何混合颜色，如何画出向日葵的形状和细节等，但同时要鼓励孩子加入自己的想法和创意。

5. 绘制过程中的互动和反馈：在孩子进行绘画的过程中，与他进行互动交流，并给予积极的反馈。问孩子关于自己作品的想法、感受，帮助他表达自己的创意和观点。

6. 展示和分享：完成绘画后，鼓励孩子展示和分享他的作品。可以将作品挂在墙上，或邀请家人朋友欣赏。这将增加孩子对艺术创作的自信心，并激发他的艺术潜能。

通过以上步骤，您可以引导孩子了解并欣赏凡·高的艺术风格，同时也培养他们的绘画技巧和想象力。

对于孩子的兴趣爱好，家长的鼓励与支持十分重要。我们可以给孩子提供一些画画知识相关书籍，多带孩子观看展览，帮助孩子认识更多的优秀作品，提升审美与创作能力，为孩子的绘画学习打下基础。

12.4 音乐创作

科学研究表明，音乐可以促进孩子大脑的发育，不但能锻炼他们的记忆力和感受力，提升他们的空间感和时间感，而且对孩子的语言、数理、逻辑能力的提高都有很大的帮助。

在学习音乐的过程中，孩子需要眼睛、耳朵、手指、大脑等的协调配合，可以帮助孩子全方位地开发左右脑功能。

学习音乐可以丰富孩子的精神世界，让他们能够在生活中获得艺术与美的享受，使得他们的身心更加健康，精神更加富有。

在学习音乐的过程中，ChatGPT 就像一位专业的导师，可以帮助孩子理解与感受音乐，提升孩子的创造与共情能力，帮助他们赢在起跑线上。

假设你的孩子非常喜欢音乐，目前他已经上了一年的音乐课了，老师要求学生尝试创作歌曲，现在他需要一些创作灵感，下面我们让 ChatGPT 来帮他。

▶ 第一次交流：创作歌曲的注意事项

提问关键词：歌曲主题 + 歌曲类型 + 注意事项

 你好，如果我想创作一首夏天主题的儿歌，需要注意些什么呢？

 如果你想创作一首夏天主题的儿童歌曲，有几点需要注意。

1. 内容：确保歌曲内容简单、生动易懂，贴近儿童的日常生活和体验。可以描绘夏天的明媚阳光、欢乐游戏、美丽景色等。避免使用复杂的词句，以便儿童能够轻松理解和跟唱。

2. 旋律：选择欢快、活泼的旋律，给人积极向上的感觉。适合儿童的歌曲通常都有易于吸引儿童注意力的特点，如结构简单、重复性强，方便儿童模仿和学唱。

3. 歌词：用简短、押韵的歌词表达夏天的美好，可以使用一些形象生动的词语和比喻手法，增强歌曲的趣味性和记忆性。

4. 教育性：可以在歌词中融入一些夏天相关的知识或价值观，如关注环境保护、分享快乐等。让孩子在欢唱的同时也能从中学到一些有益的东西。

5. 编曲：选择合适的乐器和音效，使得音乐更加贴合夏天的主题。可以运用一些明快的节奏和合成声音来增加夏日氛围，提升歌曲的亲和力。

6.流行元素：考虑使用一些儿童喜爱的流行元素，如简单的舞蹈动作、口头禅等，以增加儿童对歌曲的兴趣。

最重要的是，要保持创意和乐观的心态，尽情展现夏天的欢乐与温暖，让儿童在歌声中感受快乐的力量。

有了这些提示，我们更容易抓住儿歌创作的方向，确定歌词的风格、旋律和内容，以及歌曲的感情色彩。接下来，为了帮助我们更好地理解与学习，让 ChatGPT 直接创作一首歌曲给我们作为参考。

▶ 第二次交流：创作一首儿童歌曲
提问关键词：主题歌曲 + 曲风要求 + 内容要求

请帮我创作一首儿童歌曲，曲风欢快活泼，歌颂夏天的活力与希望。

夏天来了，阳光灿烂
一切都美好，没有烦恼
小草欢跳，风儿吹拂
蝴蝶在飞，鸟儿在叫
夏天来了，我们快乐
悠闲自在，欢笑多多
畅游大海，玩转沙滩
享受生活，尽情欢畅
夏天来了，带来希望
绿树成荫，生机勃勃
让我们齐声歌唱
迎接这欢快的夏天

这首歌我认为写得比较平淡，但是内容简短活泼，富有场景化。因此我们可以参考 ChatGPT 的歌曲，取长补短，进行歌曲创作。

▶ 第三次交流：推荐提升能力的音乐节目

提问关键词：目标 + 节目推荐

> 对于学生想要提升音乐素养，有没有什么节目适合学习观看呢?

当然有! 以下是一些适合学生提升音乐素养的节目。

1.《中国好声音》：该节目是著名的音乐才艺竞赛节目，有着优秀的选手和专业的导师，可以让学生接触到高水平的音乐创作及表演。

2.《歌手》：音乐竞技节目，重点在于展示选手的歌唱和音乐表演能力。这将有助于学生获得音乐方面的启发。

3.《我是歌手》：是"明星们的音乐狂欢"，所有歌手都是有经验的专业演唱者，参赛者必须在歌唱技术、台风和音乐创作等方面超越其竞争对手。这个节目对于学生来说尤其重要，因为他们能够从观看节目的过程中学到大量的知识和技能。

4. TED 演讲：在 TED 演讲中，你会看到全球各地的思想者就那些具有重大影响力的议题所做的演讲，而音乐也是很多演讲者谈及的话题之一。可以从他们的演讲中获得灵感。

这些节目对于提升音乐素养有一定的帮助，建议结合学生自身情况进行选择。

ChatGPT 推荐的都是一些具有代表性又有知识含量的音乐节目，一定程度上可以拓宽学生的音乐视野，帮助他们了解更多的音乐风格与技巧，提升对艺术的鉴赏能力。

12.5 睡前故事

睡前故事对于孩子的成长有着至关重要的作用，它以趣味性的方式帮助孩子学到更多知识与人生道理，还能激发孩子的想象力与创造力，塑造孩子的价值观。

一个富有哲理与趣味的故事，是可以陪伴孩子一生的，故事可以予人以智慧，给人心灵以启发。很多家长都喜欢在睡前给孩子讲故事，提升孩子的思考能力。ChatGPT可以帮助家长定制独一无二的故事，帮助孩子养成良好的生活习惯，树立正确的价值观，培养孩子的学习和想象能力。

接下来，我们以《渔夫和金鱼的故事》的故事为例，讲解如何让ChatGPT创作睡前故事。

▶ 第一次交流：描述《渔夫和金鱼的故事》

提问关键词：故事名称

> 👤 你好，请问你知道《渔夫和金鱼的故事》吗？

> 当然知道。《渔夫和金鱼的故事》是一则非常经典的童话故事，讲述了贪心的渔夫妻子与能满足人类欲望的神奇金鱼之间的故事。这个故事传达的主题是珍惜和知足，告诉我们不能贪心，应该对身边值得珍惜的东西感恩。

总的来说，ChatGPT对故事内容与含义的理解是对的。那么，我们就让它按照这个故事，帮我们设计一些适合儿童阅读的睡前故事吧。

▶ 第二次交流：改编故事

提问关键词：故事原型 + 改编故事 + 主题设定 + 字数要求 + 故事效果

> 👤 请你根据《渔夫和金鱼的故事》，改编一个环保主题的睡前故事。字数为200字左右，希望能让6岁的孩子学会爱护环境，珍惜资源。

在一个美丽的森林里，住着一个小魔仙艾米。有一天，艾米在散步时看到大量垃圾被丢弃在森林里，树木和花儿受到了污染。很快，她发现饮用水也变得污浊不堪。

艾米深感担忧，并开始行动起来。她收集了垃圾并将其投进了垃圾桶中，组织其他魔仙一起清理森林。当然，这是不够的，艾米知道保护环境是一项长期的任务，她决定去告诉其他人如何保护环境。

艾米去参加了环保讲座，学习了更多环保的知识。她也在社区广场举办了环保比赛，邀请大家参加。比赛包括种植树木和制作环保手工艺品等，活动结束后，大家共同清理了垃圾，广场变得干净整洁。

最后，艾米意识到环保这件事情仅靠个人的力量是不够的，我们每个人都需要付出努力，才能保护我们的地球。因此，她鼓励所有人一起来保护环境，携手为地球贡献自己的力量。

这个故事告诉孩子们，我们要保护我们居住的环境，只需要付出少量的努力就能让世界变得更加美好。

这则故事其实和《渔夫和金鱼的故事》没有太大关联，但总体还算逻辑通畅、情节丰富，可以帮助儿童培养保护环境的观念。

那么如果我们希望根据孩子的实际情况，量身定制睡前故事，具体可以怎么做呢？

假设你的孩子不爱吃饭，只喜欢各种零食，这样发展下去，你担心孩子会养成不良的饮食习惯，继而影响身体健康。直接给孩子讲道理他又听不进去，怎么办呢？我们不妨借助故事让孩子学会反思自己的行为，帮助他纠正不良的生活习惯。

▶ 第三次交流：根据孩子的实际情况定制故事
提问关键词：描述痛点 + 目标诉求 + 创作故事 + 字数要求

孩子最近不爱吃饭，总是零食不离口，我想让她养成良好的饮食习惯，请以此为出发点，帮我写一个 300 字左右的睡前故事。

好的，我来为您写一个关于养成良好饮食习惯的睡前故事。

在一个小镇里，有一个小女孩叫作露西，她很爱吃零食，尤其是巧克力棒，总是把这些当作正餐来吃。但是，妈妈告诉她只有按时吃饭才能变得更加健康。

有一天，露西去参观了一个花园，看到各式各样的植物，她感受到它们对人类生活的重要性。她发现这些植物需要良好的土壤、阳光和水才能茁壮成长。同样，如果我们不吃健康的食物，身体也会变得不好。

后来，露西向妈妈谈起了她在花园里的所见所闻，并表示希望改变自己不良的饮食习惯。于是，露西决心每天按时吃饭，并优先选择健康的食物。

在妈妈和她的努力下，露西的身体开始变得更加健康强壮，她也变得更加积极向上。露西也更愿意去挑战新事物，去体验生命中的各种奇妙事物。

总之，饮食健康是我们每个人都应该注重的，只有保持良好的饮食习惯，才能让我们变得更加健康与快乐。

这个故事可能大人比较容易看懂，但是对于孩子来说，可能稍显复杂，也不够有说服力，我们继续让 ChatGPT 对故事进行优化。

▶ 第四次交流：优化故事

提问关键词：点出问题 + 重新改写 + 具体要求

我感觉内容不够生动，请问可以帮我重新改写一个更有趣和更有说服力的故事吗？要求适合 6 岁的孩子阅读。

当然可以。让我给您重新写一个更加生动、有趣和有说服力的睡前故事。

曾经有一只可爱的小狗叫作巴巴，它非常喜欢吃零食，特别是肉骨头。每次主人给它喂食时，巴巴总是只吃肉骨头不吃其他东西。这让主人非常担心巴巴的身体状况。

有一天，巴巴去森林里玩，看到了一棵大树，大树看起来非常茁壮。巴巴发现大树每天都需要得到充分的阳光、水分以及各类养分，才能茁壮生长。

巴巴回到家，思考着怎样才能长得像大树一样高大。主人告诉巴巴，长得高大需要充分的营养，让巴巴好好想想，如何摄入更多有益营养。

于是巴巴开始学会规律饮食，每天按时吃各种有营养的食物。对于它爱吃的肉骨头，巴巴只在午餐和晚餐时吃一些。这样一来，小狗巴巴的身体变得愈加强壮，它更加活泼、开心。

随着时间的推移，小狗巴巴毫不费力就能完成各种任务和游戏，它感到生命中的一切都变得奇妙无比。就这样，小狗巴巴意识到，规律的饮食才是健康的关键，营养均衡对维持身体健康非常重要。

总之，只有保持良好的饮食习惯，注重营养均衡，我们才能拥有健康的生活。希望所有人都能像小狗巴巴一样，健康成长，充满活力！

这个故事写得比前面的更加富有童趣，以小狗的视角切入，展示了小狗巴巴从不爱吃饭、身体不断变坏到改变饮食习惯身体不断恢复的转变，侧面告诉孩子营养均衡的重要性，并启发他们养成良好的饮食习惯。

这样的故事要比干巴巴地讲道理更容易让孩子接受和理解。

但是故事中使用的词汇对于一个 6 岁的孩子来说，还是比较深奥。接下来我们让 ChatGPT 把故事变得通俗易懂一些。

▶ 第五次交流：如何变换风格

提问关键词：点出问题 + 重新改写 + 具体要求

我是一个六岁的小女孩，故事中一些深奥的词语我理解不了，能否用简单通俗的语言帮我改编这个睡前故事？要求文风生动活泼，富有戏剧感。

好的，让我们来为小朋友们重新编写一个故事。

从前有一只小狗叫巴巴，它特别爱吃肉骨头，而不吃其他健康的食物，身体也越来越弱。这让主人非常着急。

有一天，巴巴到森林里去玩，在那里它看到了一棵生机勃勃的小树苗。巴巴觉得这棵小树长得好漂亮呀。小树苗告诉它："我每天需要很多阳光、水分和营养才能茁壮成长，你上次吃的主食里面就有很多营养哦！" 巴巴听了之后，意识到不能只顾着吃肉骨头，其实除了肉骨头还有很多健康的食物可以吃啊！

于是，巴巴开始改变自己的饮食习惯。它每天按时吃三餐，而且吃的都是健康又好吃的食物，比如米饭、面条、蔬菜水果等，虽然有时候巴巴还是想吃一点肉骨头，但是它知道不能太贪吃了，要让身体健康成长！

小狗巴巴通过好好吃饭，变得更加强壮和健康了。它在森林里快乐地跑啊跑，变得越来越积极向上。它也在生活中感受到了更多乐趣，每天充满朝气和活力。

所以，小朋友们记住！只要按时吃三餐，选择健康又好吃的食物，让自己的身体变得健康强壮，就能拥有更多的快乐和幸福哦！

显然，这个故事更加适合小朋友，而且增加了小狗和小树的对话，使得故事风格更加活泼生动，全篇也没有难懂的词语，小朋友理解起来不费劲。这样就能在无形中帮助小朋友形成正确的饮食观念，养成良好的生活习惯，健康成长。

　　对孩子而言，ChatGPT 相当于随叫随到的家庭老师，可以一对一地进行交流，逐步提升他们的英语水平、写作能力、艺术创造能力，能够帮助他们养成良好的生活习惯。和孩子共读这本书，是每位家长的明智之选。ChatGPT 时代已来，让我们一起张开双臂拥抱新未来吧！

13

文心一言是文创文旅的活地图

近年来，在政策的大力扶持下，文创文旅逐渐成为消费与就业的"蓝海"，很多朋友都想加入这个新潮行业，享受"热爱变现"的红利。

我在旅途中，就曾认识一位来自大厂的文创设计师。她因为对文创文旅特别感兴趣，一直在研究这个领域，最后顺利转行，如今她的工作就是给博物馆设计产品。通过和她的交流，我对这个行业有了更进一步的认识。

文创文旅似乎是一个很新潮的词汇，使得大家觉得这和我们的生活日常有些距离。事实上，文创文旅并不是一个高高在上的行业，反而与我们的日常生活密不可分，小到寺庙咖啡，大到一场非遗盛会，都有文创文旅的缩影。

我们不妨与文心一言进行一个深度交流，以了解文创文旅行业的市场趋势，挖掘有价值的信息，实现高效就业。

13.1 了解文创文旅的概念与趋势

很多人都不知道文创、文旅具体是什么意思，更分不清它们有什么区别，这里我们让文心一言来介绍一下。

我们先一起了解一下文心一言是什么。

根据官方介绍，文心一言是知识增强的大语言模型，基于飞桨深度学习平台和文心知识增强大模型，持续从海量数据和大规模知识中融合学习，具备知识增强、检索增强和对话增强的技术特色。

文心一言的优势在于支持免费使用，并且有较好的交互性与连贯性，兼容插件，有较为全面的功能介绍与操作指南；在回答结束后，还会根据你提问的内容进行延伸提示，这对于新手来说是极为便利与友好的；它的用途也非常广泛，可以交互性地与人类进行交流，同时还可以做文本扩写、整理周报、撰写诗歌、分析行业与解读趋势等工作。

登录文心一言的网站，单击右上角的"登录"按钮进入用户登录页面。

输入手机号和密码进行登录。

登录成功后即可交流提问啦。

我们来设想一个场景："00后"大学生晓栋是一名文创爱好者，每次旅行他都在文创街区逛到停不下来，家里也收藏了很多文创产品。

他对这个行业的兴趣很浓，希望未来可以从事相关工作，他希望通过和AI展开深度交流，增加他对文创文旅的认知，为他未来的工作打下基础。

▶ 第一次交流：了解文创文旅的概念与区别

提问关键词：文创文旅 + 区别

> 👤　请问文创和文旅的区别是什么？

文创和文旅的区别如下。

文创是文化创意的简称，是一种文化内容生产方式。它以文化为元素，是通过融合多元文化、整理相关学科知识特点、利用不同载体而构建与创新的文化现象。文创产品的形式多样，包括主题音乐、舞蹈、游戏、动漫、潮玩、模型等。

文旅则是文化旅游的简称，通过旅游来实现感知、了解具体文化内容的目的。文旅以旅游为主导，通常涵盖了文化、历史、自然、社会等各个方面，旅游过程包括观光、体验、学习等。

总体来说，文创主要关注文化的创新和内容生产，而文旅更注重在旅游过程中对文化的感知和体验。

从文心一言的介绍中，我们可以快速搞懂二者的区别。

文创是旅行中常见的文化产品，比如印着"潮汕"的文创雪糕，参考故宫窗花设计的中秋月饼盒，融入景区文化元素的冰箱贴……

而文旅则是一种承载文化传播的活动体验，二者虽有区别，但又水乳交融，互相依存。

为了帮助大家理解这两个概念，我们可以让文心一言给出具体案例。

▶ 第二次交流：寻求具体案例

提问关键词：文创文旅 + 具体案例

请提供一些具体的文创和文旅的例子。

以下是一些具体的文创和文旅的例子。

文创例子：故宫文创。故宫博物院通过提炼故宫文化中的特色元素，如宫门、脊兽等，开发出了各种文创产品，如印有宫门、脊兽图案的箱包、手机壳、铅笔、尺子、衣服夹子、跳棋等。另外，故宫猫系列也是故宫文创的佼佼者，灵感来自故宫的"猫保安"，设计出"大内咪探"形象，并打造了书包、橡皮、手表、手机壳等系列产品。

文旅例子：乌镇戏剧节。乌镇戏剧节是一个国内知名的旅游节庆，通过戏剧这一文化元素，吸引了大量游客前来。戏剧节期间还会举办各种活动，如木心美术馆的开馆仪式、木偶戏表演、民间戏曲演出等。

案例的展示，让我们对这两个抽象的概念有了更进一步的理解。那么，能否让文心一言进一步诠释它们的关系呢？

▶ 第三次交流：探索文创文旅的关系

提问关键词：文创文旅 + 二者关系

> 请问文创与文旅有何关系？

> 文创是一种文化内容的生产方式，通过对文化的深度总结和再创作，形成具有市场价值的产品，如音乐、舞蹈、游戏、动漫、潮玩、模型等。这些文创产品可以作为独立的个体存在，也可以与旅游相结合，形成文旅产业链。
>
> 文旅则是将文化与旅游结合，通过旅游活动来感知和学习不同的文化。在这个过程中，文创产品可以作为旅游纪念品或手工艺品等，成为文旅产业链中的一环。同时，文旅产业也可以反作用于文创产品，为文创产品的创作提供更多的灵感和资源。
>
> 因此，文创和文旅的关系是相辅相成的，它们相互促进，相互影响，共同推动文化创意产业的发展。

从上文的介绍可以看出，文创、文旅就像一对孪生兄弟，它们有着不可分割的密切联系。

▶ 第四次交流：分析文创文旅的趋势与挑战

提问关键词：文创文旅 + 趋势挑战

> 那么，你认为文创文旅的趋势与挑战有哪些？

> 文创文旅的趋势和挑战可以从多个方面来看。以下是一些可能的趋势和挑战。
>
> **趋势**
>
> 文化和科技的融合：随着科技的不断进步，文创文旅行业正在越来越多地使用科技手段来提升游客体验和推动行业发展。例如，虚拟现实、增强现实等技术可以使游客更深入地了解和体验文化遗产和风土人情，数字化管理和智能导游可以提高旅游服务的质量和效率。
>
> 个性化定制：随着消费者需求的多样化，文创文旅行业越来越注重为游客提供个性化、定制化的服务。这种服务模式可以满足不同游客的需求，提高旅游体验的满意度。

可持续发展和环保：近年来，可持续发展和环保已经成为全球的共识。文创文旅行业也不例外，越来越多的景区和企业开始注重环保、节能和可持续发展，推广绿色旅游和生态旅游。

跨界融合：文创文旅行业正在越来越多地与其他领域进行跨界融合，如影视、音乐、游戏等。这些跨界融合可以为文创文旅行业提供更多的创意和发展空间。

挑战

人才短缺：随着文创文旅行业的快速发展，人才短缺成为该行业面临的一个挑战。许多企业需要高素质的人才来推动行业发展，但目前市场上的人才供给不足，需要加强人才培养和引进。

法律法规不完善：文创文旅行业涉及许多法律法规问题，如版权等。这些问题需要得到更好的法律保护和规范，以保障行业的健康发展。

安全问题：旅游安全问题一直是文创文旅行业面临的一个重要挑战，需要采取措施来确保游客的安全。

通过上面的交流，我们对文创文旅的行业概况有了更为全面的认识。让我们一起来了解一下作为普通人如何进入这个行业吧。

13.2 文创文旅的工作内容

面对文创文旅这样一个崭新行业，获取信息的渠道相对有限，很多人遇到问题后很难找到专业的老师进行一对一咨询。而 AI 能够为我们解答个性化的疑问，并帮助我们站在全局角度了解行业信息。

▶ 第一次交流：探索文创文旅的工作内容

提问关键词：文创文旅 + 工作内容 + 具体案例 + 展开介绍

> 请问文创文旅的工作内容有哪些？可以结合具体的案例展开介绍一下吗？

文创文旅的工作内容非常丰富，大致涵盖以下几个方面。

文化资源挖掘与整合：文创文旅工作者需要深入挖掘当地的文化资源，包括历史、民俗等，并对这些资源进行整合，以全面展现当地的文化魅力。

旅游产品设计开发：文创文旅工作者需要根据当地的旅游资源，设计出具有创意和特色的旅游产品，如旅游线路、旅游活动、旅游纪念品等，以吸引游客并提升其旅游体验。

品牌建设与推广：文创文旅工作者需要构建文创文旅品牌，并通过各种渠道和平台进行推广，以提高品牌的知名度，吸引更多的游客和消费者。

旅游市场营销与推广：文创文旅工作者需要制订推广策略，通过各种手段和渠道，如网络营销、社交媒体营销、旅游杂志等，进行旅游产品的推广和销售，吸引更多的游客和消费者。

旅游服务与接待：文创文旅工作者需要提供优质的旅游服务，包括旅游咨询、旅游接待、旅游餐饮等，以满足游客的需求，提升游客的旅游体验。

文化产业发展：文创文旅工作者需要推动文化产业发展，包括文化产业规划、文化产业招商、文化产业管理等，以促进当地文化产业的发展和壮大。

以苏州为例，苏州是一个历史文化名城，拥有丰富的文化资源和旅游资源。文创文旅工作者通过深入挖掘苏州的文化资源，开发出了许多具有创意和特色的旅游产品，如苏州刺绣、苏州丝绸等，形成了极具特色的苏州文化旅游品牌。同时，苏州的文创文旅工作者还通过各种渠道和平台进行品牌推广，如举办文化节、参加国内外旅游展会等，吸引了越来越多的游客和消费者前来。

总之，文创文旅的工作内容非常丰富，需要文创文旅工作者具备全面的素质和能力，以推动当地文化旅游业的发展和壮大。

通过这一描述，让我们了解到文创文旅行业的更多信息。面对这样一个汇总性的回复，我们可以抓住某个点有针对性地提问，以加深我们对这一行业的理解。

▶ 第二次交流：根据具体案例寻求建议

提问关键词：赋予专家身份 + 提供案例 + 具体要求

假设你是一位文创文旅设计师，能否以浙江安吉的白茶与竹文化为例，帮我分析一下如何开展工作？要求从地方文化的提炼、产品打造和推广渠道多方面进行分析。

当然可以。以下是我以浙江安吉的白茶与竹文化为例，对作为文创文旅设计师如何开展工作的分析。

地方文化的提炼

浙江安吉以其白茶和竹子而闻名，我们可以从这两个方面入手，深入研究和理解其文化内涵。例如，白茶的种植历史、制作工艺、口感特点等，以及竹子的种类、用途、相关工艺品等。我们还可以进一步探究这些元素在安吉地方文化中的地位和影响，以及与当地人的生活方式、风土人情的联系。

产品打造

理解安吉的地方文化后，我们可以着手设计具有特色的文创产品。例如，可以设计一款以"白茶"为主题的茶饮，结合现代人的喜好，进行独特的配方设计，使其既具有安吉白茶的独特口感，又符合现代人的健康需求。

此外，我们还可以设计一系列以"竹"为材料的工艺品，如竹编手工艺品、竹制家居用品、竹制旅行用品等，将竹子的美与其实用性完美结合。同时，我们也可以将这些文创产品开发成旅游纪念品，供游客带回家乡，将安吉的文化特色传播得更远。

推广渠道

为了让更多人了解和接触这些文创产品，我们需要通过有效的推广渠道进行宣传，如可以通过社交媒体，如微信、微博等，进行线上宣传，分享产品的故事和图片，引发用户的关注和讨论。同时，我们也可以通过线下活动，如举办茶文化节、竹文化节等，进行现场展示，让用户亲身感受产品的魅力。此外，我们还可以与当地的旅游机构合作，让更多的游客了解和购买这些产品。

当然，我们还可以在传统的媒体渠道，如电视、广播、报纸等，进行广告投放，扩大产品的知名度。同时，我们也可以考虑与电商合作，通过线上销售的方式，将产品销售给更多的人。

这个回答比较平淡，还有没有更大胆新颖的构思呢？不如我们给 AI 提出更具有挑战性的问题，看看它的极限在哪里。

▶ 第三次交流：要求迭代回答

提问关键词：指出问题 + 大胆创新 + 目标

 我认为这些回答缺乏创意，有没有其他大胆一点的设想，给予用户更深度的文化体验？

 当然，我们可以尝试更创新的设计理念，以带给用户更独特的文化体验。以下是一些大胆的设想。

白茶主题体验馆
我们可以设计一个专门的白茶主题体验馆,让游客可以全方位地体验白茶的魅力。

在这个体验馆中，游客不仅可以品尝各种类型的白茶，还可以了解白茶的历史、制作工艺和健康价值。此外，体验馆还可以设有互动区域，让游客可以体验茶叶的制作过程，更深入地感受安吉白茶的文化底蕴。

竹编艺术工坊

我们可以在当地开设一个竹编艺术工坊，邀请专业的竹编师傅指导游客进行竹编创作。游客可以在这里学习竹编的基本技巧，并发挥自己的创意，亲手设计和制作竹制品。这样的活动不仅能教授游客一项手艺，还能让他们更深入地了解和体验当地的竹文化。

茶园与竹林穿越挑战

我们可以设计一场穿越茶园和竹林的挑战活动，让游客可以在专业的指导下，徒步穿越茶园和竹林，体验在大自然中探险的感觉。此外，我们还可以在活动中加入一些互动环节，比如茶园采摘比赛、竹林迷宫等，增强游客的参与度和体验感。

白茶与竹子主题民宿

我们可以在当地开设一家白茶与竹子主题的民宿，让游客在这里感受安吉的地方文化特色。此外，民宿还可以提供一些特色服务，如白茶品尝、竹编手工艺体验、自然探险等，让游客在这里度过一个难忘的假期。

这些设想都是为了给游客提供更深度、更独特的在地文化体验，让他们可以更深入地了解和感受安吉的地方文化。当然，这些设想也需要我们在实践中不断地调整和完善，以满足不同游客的需求。

显而易见，这次的回答比上次创新不少。这也启示我们，如果 AI 给的回答不够理想，大可升级我们的提问，随着提问的进阶，AI 给的回答也会更加脑洞大开。

到了这一步，相信你对文创文旅的工作内容已经有所了解。那么，这个行业的能力要求又是什么样的呢？直接让 AI 给出一份总结攻略吧！

▶ 第四次交流：了解新手入行的能力要求

提问关键词：赋予专家身份 + 新手背景 + 能力要求 + 提升专业度

> 假如你是一位文创文旅资深从业者，你认为新手想要从事这一行业，需要具备哪些能力呢？新人该如何提升专业度？

> 作为一名文创文旅资深从业者，我认为新手想要从事这一行业，需要具备以下几种能力。

创新能力：文创文旅行业需要不断地推陈出新，因此新手需要具备创新能力，能够独立思考和创新，以开发出具有特色的文创产品。

跨学科知识：文创文旅行业涉及文化、创意、旅游、营销等多个领域，因此新手需要具备跨学科知识，能够将不同领域的知识融合在一起，以提供更好的产品和服务。

营销能力：文创文旅行业需要将产品和服务推销给更多的消费者，因此新手需要具备营销能力，能够有效地宣传和推广产品和服务。

沟通能力：文创文旅行业需要与各个领域的专业人士合作，因此新手需要具备沟通能力，能够有效地与合作伙伴和客户进行沟通。

团队协作能力：文创文旅行业需要合作完成各项工作，因此新手需要具备团队协作能力，能够与团队成员合作，共同完成工作任务。

对于新手如何提升专业度，我认为以下几个方面很重要。

学习相关知识：文创文旅行业涉及多个领域，因此新手需要不断地学习相关领域的知识，以更好地了解市场和客户需求。

实践经验积累：通过参与实际项目，新手可以不断提高自己的创新能力、营销能力和团队协作能力。

参加培训和交流活动：参加专业的培训和交流活动可以让新手了解行业的最新动态和趋势，学习到其他从业者的经验和技巧。

与行业内人士交流：通过与行业内人士交流和学习，新手可以了解更多的行业内部信息。

自我反思和提高：新手需要不断地反思和总结自己的工作和实践经验，提高自己的专业水平，以不断进步。

当然，AI 介绍的内容还是比较笼统，我们可以给出具体的背景与信息，让它告诉我们如何开始第一步实践。

▶ 第五次交流：提供具体的诉求

提问关键词：交代背景 + 寻求渠道和方法

> 我想要找一份文创文旅相关的副业来做，以确认自己是否真的对其感兴趣，请问我该从何下手，有没有什么具体的渠道或者方法？

如果你想要找一份文创文旅相关的副业来做，以确认自己是否真的对其感兴趣，以下是一些可以考虑的渠道和方法。

在在线平台寻找兼职：可以通过一些在线平台，如 BOSS 直聘、拉勾等，搜索文创文旅相关的兼职或实习生招聘信息。这些平台上的招聘信息通常比较真实可靠，可以让你了解不同公司的需求和要求，并选择适合自己的工作。

在社交平台寻找机会：在社交平台，如微博、知乎等关注一些文创文旅领域的相关账号，了解行业动态和招聘信息。同时也可以通过私信或留言的方式与招聘方联系，主动推销自己。

参加线下活动：可以参加一些与文创文旅相关的行业活动或创意集市，如文化创意产业峰会、旅游文化展览等，与行业内的从业者交流。在活动中可以展示自己的作品或创意，争取更多的合作机会。

利用人脉资源：可以与身边的朋友、同学或亲戚等建立联系，了解是否有相关的兼职或实习机会。有时候身边的人可能会给你提供一些意想不到的机会，让你更容易进入文创文旅行业。

自主策划项目：如果你有创意和想法，可以自主策划一些与文创文旅相关的项目，如文化节、艺术展览、旅游线路等。通过自主策划项目可以锻炼自己的组织、协调和执行能力，也可以展示自己的创意和能力。

需要注意的是，在选择一份文创文旅相关的副业时，要注意选择适合自己的工作，不要盲目追求热门或高薪资。同时也要注意时间安排，避免影响学业或主业的发展。

通过一系列的提问交流，我们对文创文旅工作有了多维度的认识，同时有了行动的具体方向。

如果说一开始我们是拿着一张白纸在走路，完全不知道该往哪个方向，那么和 AI 交流过后，我们手中的白纸已经变成了一张地图，有了明确的路线规划。这时候我们就可以畅通无阻地前进了，遇到问题可以随时调整方向。这样一来，入门的成功率就会提升不少。

13.3 入行实战

假设你正式进入文创文旅行业，入职三个月后，在团队的帮助下成长飞快，很快就要独立负责产品设计与活动运营。

这时候你有些担心自己作为新手能否顺利完成任务，想到接下来可能要负责一个关于景德镇的文化项目，你希望自己可以提前做一些准备，让 AI 来帮帮他吧。

▶ 第一次交流：提供场景寻求建议

提问关键词：交代背景 + 目标 + 创新建议

> 🧑 我是一名文创文旅策划师，现在要根据景德镇的传统文化设计一个新产品，用于非遗体验区的产品展示与销售推广，请问有什么创新的建议给我吗？这个建议要具备启发性和实操空间。

> 🔷 作为一名文创文旅策划师，根据景德镇的传统文化设计一个新产品是一个既有趣又具有挑战性的任务。以下是一些创新的建议，旨在为非遗体验区的产品展示和销售推广带来新的想法和灵感。
>
> 利用景德镇传统工艺设计产品：景德镇以其瓷器而闻名于世，因此可以利用其传统制陶和烧瓷工艺来设计一款独特的文创产品。例如，可以设计一款具有现代感但仍保留景德镇传统工艺的陶瓷饰品，如耳环或项链等。
>
> 将非遗元素融入产品设计：在产品设计中融入景德镇地区的非遗元素，如景德镇瓷器上的传统图案、花纹等。这些元素的融入不仅可以增加产品的附加值，还能使其成为连接传统文化和现代社会的桥梁。
>
> 设计互动体验产品：设计一款能够让游客参与其中的互动体验产品。例如，可以开设以景德镇瓷器为主题的 DIY 工作坊，游客可以在专业人士的指导下亲手制作属于自己的陶瓷饰品。
>
> 结合当地特色文化设计产品：可以利用景德镇当地特色文化来设计一款具有地域特色的文创产品。例如，可以设计一款以景德镇瓷器为原型的创意纪念品，如瓷器小雕像、摆件等，或者以景德镇传统手工艺人为原型设计的卡通形象或钥匙扣等。
>
> 创新营销和推广方式：在产品推广和销售方面，可以利用社交媒体、线上平台等

多元化的渠道来扩大产品的知名度和影响力。同时，可以尝试与当地的旅游景点、博物馆、酒店等合作，设置产品展示和销售点，吸引更多的游客和消费者。

总之，根据景德镇传统文化设计一个新产品需要充分利用当地的传统工艺和非遗元素，结合当地特色文化并注重互动，同时要注重产品的营销和推广，利用多元化的渠道来扩大产品的知名度和影响力。

文心一言给出了不错的建议，我们可以把它的创意进行组合，从而形成一个新的设想。

例如，我很喜欢它提到的两个建议，一个是根据景德镇文化打造一对耳环，另一个是设置DIY工作坊，那么我可以把这两者进行糅合，推出DIY耳环的工作坊活动，在产品设计的基础上融入文化体验，这样既加深了用户对景德镇文化的体验，又提升了产品的独创价值。

▶ 第二次交流：提出新的诉求并寻求具体建议

提问关键词：交代背景 + 设计活动步骤 + 目标

> 🧑 我希望推出一个DIY耳环工作坊的活动，在耳环的设计中融入景德镇的文化理念，请问怎么设计活动步骤，既能方便新手用户快速制作出耳环成品，又能给到用户沉浸式的文化体验呢？

> ◈ 这是一个很好的想法，让游客通过DIY工作坊制作属于自己的耳环，同时融入景德镇的文化理念。以下是一些具体的建议，旨在帮助新手用户快速制作出耳环成品，并给他们提供沉浸式的文化体验。
>
> 选择合适的原材料：在选择耳环原材料时，可以选择一些易于操作且质量较高的材料，此外，可以考虑在原材料中融入一些景德镇的传统元素，如青花瓷或陶瓷材料，使游客在制作过程中能感受景德镇的文化气息。
>
> 提供模板和工具：为新手用户提供耳环设计的模板和工具，如耳环托盘、雕刻工具、颜料等。这些工具和材料可以降低制作难度，帮助游客快速制作出耳环成品。
>
> 提供操作指南：为了让游客更好地理解制作过程，可以提供一份详细的操作指南。在指南中详细介绍耳环的设计理念、制作步骤、注意事项等内容。同时，可以提供一些图片或视频资料，让游客更加直观地了解制作过程。
>
> 文化解说和提供个性的服务：安排专业的文化解说员，为游客介绍景德镇的历史、文化和传统工艺。此外，可以为游客提供景德镇的传统服饰，让他们在制作耳环的过程中更好地了解当地文化。

AI实在太高效了，无论多么复杂的问题，它都马上可以梳理出一个可行、易操作的方案出来，帮助我们厘清思路，方便我们快速投入具体的实操当中。

▶ 第三次交流：寻求国内的文创成功案例

提问关键词：产品设计案例 + 文创案例 + 达成目标

> 🧑 能否提供一些国内比较成功的产品设计与文创案例帮我打开思路，让我更好地提升自己呢？

 当然可以。以下是一些国内成功的文创案例，可以作为你提升自己的参考。

故宫文创：故宫博物院近年来推出了大量的文创产品，如纪念品、文具、服装、化妆品等。这些产品不仅具有很高的文化价值，也充分融合了现代元素，如"故宫口红""故宫笔记本"。这些文创产品通过提炼和再现故宫文化的精髓，成功吸引了大量年轻消费者，同时也为传统文化的传承和发展提供了新的思路。

《大鱼海棠》：这部由梁旋和张春联合导演的动画电影是一部将传统文化与现代元素完美结合的典范。电影以中国传统文化为背景，融入了丰富的民俗元素，同时又有着现代的电影制作手法和深入人心的故事情节。《大鱼海棠》的成功表明，只有深入理解和挖掘传统文化，才能将文化和创意完美结合。

乌镇戏剧节：文化乌镇股份有限公司近年来成功打造的一项文化活动。这个戏剧节以江南水乡乌镇为舞台，汇聚了世界各地的戏剧作品和戏剧人才，通过讲座、演出等活动，让观众感受不同风格的戏剧。乌镇戏剧节通过将旅游和戏剧结合，为游客提供了一种全新的文化体验。

《王者荣耀》：腾讯的《王者荣耀》游戏是另一个成功的文创产品。这款游戏以中国历史人物为角色，融入了 MOBA（多人在线战斗竞技游戏）的玩法，深受玩家喜爱。

以上这些案例从不同的角度展示了如何将文化和创意相结合，你可以从中获得灵感，提升自己的文创设计能力。

文心一言把常见的文创场景和案例挖掘出来了。文创文旅已经融入我们生活的方方面面，游戏和影视行业也不例外。

那么，我们该如何提升创意性思维，让历史文化成为我们的灵感源泉呢？

▶ 第四次交流：寻求提升创意性思维的方法

提问关键词：交代背景 + 提升创意性思维 + 结合场景说明

> 🧑 既然文创文旅和历史文化息息相关，又贯穿我们的日常生活，普通人该如何在日常生活中提升文创文旅方面的创意性思维呢？可否结合具体场景展开说明？

> ◉ 作为一个普通人，我们可以通过以下方式在日常生活中提升文创文旅方面的创意性思维。
>
> 观察和感受：我们需要学会观察和感受周围的环境、文化、风土人情等。可以尝试在不同的城市、乡村、景区等深入体验当地的文化和风土人情，了解不同地区的历史、习俗、传说等。同时，也可以关注一些与文创文旅相关的资讯和报道，了解最新的文创产品和旅游热点。
>
> 学习和积累：通过阅读书籍、参加讲座、参观博物馆或艺术展览等方式，深入了解某个地区或某个时期的历史文化，积累相关的知识和素材。这些知识和素材可以作为我们在文创文旅方面发挥创意的基础。
>
> 实践和探索：可以尝试通过各种方式来实践和探索文创文旅的创新。例如，可以设计一些有特色的纪念品，在旅游过程中寻找灵感，通过参与一些文化创意类的工作坊、创作营等活动，体验文创文旅的魅力。

通过AI的介绍，我们完全可以在日常生活中实操起来，不断提升我们的创意思维，持续精进。

接下来我们举个具体的例子，来让 AI 给出实操方法！

我曾经在旅行过程中喜欢上了茶田文化。有一次我住在一个坐落在大片茶田的乡村社区，每天打开窗户就能看到青山绿水，空气非常清新湿润，每一次呼吸都感觉自己走进了森林深处。我希望将来可以打造一款产品，融入茶田的健康理念，又能把当地的文化传播出去，那么我该如何实操呢？

▶ 第五次交流：提供具体场景并寻求建议

提问关键词：交代背景 + 实操方法

> 🧑 我在旅行过程中喜欢上了茶田文化，感觉这样的环境非常舒服，我希望打造一款相关产品，请问我该如何进行实操？

如果你在旅行过程中喜欢上了茶田文化，并希望打造一款茶田文化相关产品，以下是一些实操的方法。

　　了解茶田文化：深入了解茶田文化的历史、习俗、传承等。可以参加相关的文化活动，品尝当地特色茶，了解制茶工艺等，以便更好地掌握茶田文化的精髓。

　　寻找设计灵感：在了解茶田文化的基础上，可以寻找设计灵感，将茶田文化的元素与现代元素相结合，设计出有特色的文创产品。例如，可以设计一些以茶田文化为主题的纪念品、家居用品、服装等。

　　确定设计方案：在找到设计灵感之后，需要确定具体的设计方案。可以从色彩、图案、材料等方面入手，突出茶田文化的特点。同时，也可以考虑加入一些互动元素，让游客更好地参与其中，体验茶田文化的魅力。

　　制作样品：确定设计方案后，可以着手制作样品。可以选择一些有信誉的制造商或者手工艺人进行合作，共同完成产品的制作。在样品制作过程中，要不断与制造商或手工艺人沟通，确保样品的质量和设计理念的体现。

　　推广和营销：制作出样品后，可以结合旅游市场进行推广和营销。例如，可以与景区、旅行社等合作，将文创产品作为旅游纪念品销售；也可以参加一些文化创意展览，展示文创产品的特色和文化内涵；还可以借助社交媒体进行宣传和推广。

　　总之，要想设计出优质的产品传达茶田文化理念，需要深入了解茶田文化，寻找设计灵感，确定设计方案，制作样品并进行推广和营销。在这个过程中，需要注意保持对茶田文化的尊重和传承，同时也要关注市场需求和消费者体验，不断创新和改进设计方案，以获得更好的市场反响和文化传承效果。

　　文心一言给出的回答既全面又具体，可以帮助我们把一个大任务拆解成多个小步骤，既减轻了任务压力，又提升了方案的实操性。

　　文创文旅也是一种生活方式。万事万物皆可文创，重要的是我们如何结合常见事物进行创意思考，把旅行与自然元素融入设计当中。

　　这一章我们从文创文旅的行业概况、工作内容与入行实战三个方面，与文心一言展开了一系列的对话。如果我们能用正确的方法与AI进行深度交流，想必在不远的未来，AI就会成为我们的最佳助手。

　　到那时，你就可以登上AI这艘时代的巨轮，加速成长。